ASTRONOMISCHE
CHRONOLOGIE.

EIN HÜLFSBUCH

FÜR

HISTORIKER, ARCHÄOLOGEN UND ASTRONOMEN

VON

DR. WALTER F. WISLICENUS,
A. O. PROFESSOR AN DER UNIVERSITÄT STRASSBURG.

SPRINGER FACHMEDIEN WIESBADEN GMBH 1895

ISBN 978-3-663-15658-1 ISBN 978-3-663-16234-6 (eBook)
DOI 10.1007/978-3-663-16234-6
Softcover reprint of the hardcover 1st edition 1895

SEINEM HOCHVEREHRTEN LEHRER

HERRN PROFESSOR DR. AUGUST WINNECKE

ALS ZEICHEN AUFRICHTIGER DANKBARKEIT

GEWIDMET

VOM

VERFASSER.

Vorwort.

Mit der Benennung „Astronomische Chronologie“, die ich diesem Werkchen gegeben habe, soll jenes wissenschaftliche Grenzgebiet bezeichnet werden, in welchem sich Altertumskunde und Geschichtsforschung einerseits und Astronomie andererseits berühren. Solche wissenschaftliche Grenzgebiete werden meistens von den dabei interessierten Hauptwissenschaften vernachlässigt, sodafs ihr Ausbau häufig im Argen liegt. Im vorliegenden Falle hat wenigstens eine der beteiligten Hauptdisciplinen, nämlich die Astronomie, sich dieses Fehlers nicht schuldig gemacht, sondern vielmehr alles gethan, um die astronomische Chronologie zu gedeihlicher Entwicklung zu bringen. Durch Berechnung zahlreicher Hülfstafeln hat sie es sich angelegen sein lassen, die Lösung der für die Chronologie in Frage kommenden astronomischen Aufgaben so einfach zu gestalten, dafs jedermann ohne besondere mathematische Vorkenntnisse sie leicht und sicher berechnen kann. Wenn nun trotzdem von Seiten der Chronologen immer wieder die Hülfe der Astronomen für die Behandlung der einzelnen Aufgaben in Anspruch genommen wird, so müssen hierfür ganz bestimmte Gründe und Ursachen vorliegen. Ein Blick auf die hier bestehenden Verhältnisse, wird uns leicht die gewünschte Aufklärung verschaffen.

Die Historiker und Archäologen benutzen bei ihren chronologischen Untersuchungen mit Vorliebe die beiden Werke von Ideler: das zweibändige „Handbuch der mathematischen und technischen Chronologie“ und das kürzere „Lehrbuch der Chronologie“, beides vortreffliche Werke, in denen die astronomischen Grundbegriffe, soweit sie der Chronologe braucht, klar dargelegt werden. Aber Ideler konnte denselben keine Berechnungsmethoden beifügen, da die bequemen Hülstafeln, die uns jetzt zu Gebote stehen, damals noch nicht existierten, sodaſs in dieser Beziehung die Idelerschen Werke veraltet sind. Der Historiker erhält also durch dieselben weder Rechnungsvorschriften für die verschiedenen Aufgaben, noch einen Hinweis auf die bestehenden Tafelwerke, die ihm daher meist ganz unbekannt bleiben. Von den neueren Schriften über Chronologie ist mir nur eine einzige bekannt geworden, welche auf diese Berechnungsmethoden wenigstens etwas eingeht, nämlich das an sich vorzügliche Werkchen von Lersch: „Einleitung in die Chronologie“ (Aachen 1889), welches zwei Methoden zur genäherten Berechnung der Mondphasen sowie einen Auszug aus Paul Lehmanns Tafeln für diesen Zweck bringt und die Tafelwerke von Paulus, Oppolzer und Ginzel wenigstens erwähnt, wenn dieselben auch nicht näher erklärt werden. Hier wird ein Kenner dieser Tafeln vielleicht einwenden, daſs das ja auch gar nicht nötig ist, da in den betreffenden Einleitungen zu denselben Erläuterungen und Gebrauchsanweisungen enthalten sind; daſs diese jedoch nicht ausreichen, lehrte mich folgender Vorfall.

Ein mir befreundeter Historiker bat mich um die Berechnung des Tages, an dem eine Sonnenfinsternis, von der er Jahr und Monat angab, eingetreten sei, sowie um Angabe des ungefähren Sichtbarkeitsgebietes derselben. Er fügte hinzu, daſs er sich die gewünschten Daten aus Oppolzers „Kanon der Finsternisse“ selbst habe verschaffen wollen (aus dem sie auch in diesem Falle ohne jegliche Rechnung direkt entnommen werden konnten), daſs er aber vor der Einleitung zu demselben erschrocken sei, denn, um diese zu verstehen, müsse man entweder Astronom sein oder wenigstens einen astronomischen Berater haben. Hier lag also der Fall vor, daſs ein Historiker das einschlägliche Hülfswerk kannte und auch den redlichen Willen hatte, sich desselben zu bedienen, daſs er aber aus Mangel an einer kurzen sachlichen Erklärung davon abstehen muſste. Daraus scheint ein Vorwurf für die Verfasser der Hülfstafeln zu folgen, doch verdienen dieselben thatsächlich einen solchen keineswegs. In der Einleitung zu einem derartigen Tafelwerk müssen doch auch die astronomischen und mathematischen Grundlagen angegeben werden, auf denen sich dasselbe aufbaut, und die dadurch notwendig werdenden Formeln wirken auf jeden Nichtmathematiker so abschreckend, dafs er auch denjenigen Teil der Einleitung, der speziell nur die allgemeinverständliche Gebrauchsanweisung enthält, nicht liest oder übersieht. Dafs diese Gebrauchsanweisung manchmal nicht in genügender Weise hervorgehoben ist, soll nicht geleugnet werden, aber immerhin ist dieselbe vorhanden und ohne mathematische Vorkenntnisse verständlich. Rechnet man zu dem allen hinzu, dafs die einschläglichen Tafelwerke vielfach an Stellen erschienen sind, wo sie leicht der Aufmerksamkeit des Historikers entgehen können, so ist wohl die Behauptung als zutreffend anzusehen, dafs es für den Historiker und Archäologen an einem Führer fehlt, der ihn auf die vorhandenen Hülfswerke hinweist und ihm den Gebrauch derselben in einer für ihn leicht verständlichen Weise erklärt; ein solcher Führer will das vorliegende Büchlein sein.

Der Plan, der der Ausarbeitung desselben zu Grunde liegt, ist ein sehr einfacher. Der erste Teil enthält die für den Chronologen nötigen astronomischen Grundbegriffe in einer hoffentlich allgemeinverständlichen Form, während der zweite Teil die Berechnungsmethoden aufführt und zwar in einer Reihenfolge, welche der im ersten Teile innegehaltenen entspricht. Da die für einige Aufgaben existierenden Tafelwerke ziemlich zahlreich sind, so konnten sie nicht alle berücksichtigt werden, sondern ich mufste eine Auswahl treffen. Die Gesichtspunkte, welche mich bei dieser geleitet haben, sind im zweiten Abschnitt des zweiten Teiles: „Die Hülfstafeln und deren Benutzung" dargelegt. Wenn also eine Anzahl von Hülfstafeln nicht aufgeführt sind, so soll damit keineswegs behauptet werden, dafs dieselben minderwertig seien, sondern die benutzten Werke schienen in der einen oder anderen Beziehung für den vorliegenden Zweck geeigneter. Auch suchte ich mich in der Zahl der für die Berechnungen heranzuziehenden Tafeln thunlichst zu beschränken.

Ausführliche Beispiele, die soviel als möglich wirkliche chronologische Aufgaben behandeln und nicht fingiert sind, wurden allen Berechnungsmethoden beigefügt, weil diese erst dadurch zu vollem Verständnis und gröfserer Übersichtlichkeit gebracht werden. Auch enthalten die Überschriften der einzelnen Aufgaben die wichtigsten Punkte derselben, und diese Titel sind im Inhaltsverzeichnis vollständig aufgeführt, wodurch dem Werkchen der Charakter als Nachschlagebuch erteilt ist. Endlich wurde jeder Methode ein Hinweis auf die einschläglichen Erläuterungen des ersten Teiles beigegeben.

In erster Linie ist das Büchlein natürlich für Historiker und Archäologen bestimmt, aber ich hoffe, dafs es gelegentlich in seinem zweiten Teile auch den Astronomen gute Dienste leisten wird, sobald es sich um historisch-astronomische Untersuchungen handelt. Besonders werden sich die Abschnitte über Berechnung der Länge der Sonne für ein gegebenes Datum, der Rektascension und Deklination derselben sowie genäherter Werte für Zeitgleichung und Sternzeit im mittleren Mittag für den Astronomen dann sehr nützlich erweisen, wenn es sich um Zeiten handelt, für welche die Leverrierschen oder Stürmerschen Sonnentafeln nicht ausreichen.

Durch ein angehängtes Register glaube ich die Brauchbarkeit des Werkchens nur erhöht zu haben. An den Wunsch, dafs dasselbe seinen Zweck erfüllen und in den beteiligten Kreisen Anklang und Verbreitung finden möge, möchte ich die Bitte knüpfen, mir alle beim Gebrauch sich herausstellenden Übelstände sowie etwaige wünschenswert erscheinende Veränderungen oder Ergänzungen gütigst mitteilen zu wollen.

Strafsburg im Elsass im August 1894.

Walter F. Wislicenus.

Inhaltsverzeichnis.

Erster Teil.

Astronomische Grundbegriffe.

Zweiter Teil.

Die Berechnungsmethoden.

Symbolische Bezeichnungen.

Es ist:

Z	= Zeichen	^{d} oder ^{t}	= Tag
^{0}	= Grad	^{h}	= Stunde
$'$	= Bogenminute	^{m}	= Zeitminute
$''$	= Bogensekunde	^{s}	= Zeitsekunde.

ASTRONOMISCHE

CHRONOLOGIE.

Erster Teil.

Astronomische Grundbegriffe.

Die verschiedenen Arten der Gestirne.

Wenden wir den Blick von der Erde aus empor, so sehen wir in regelmäſsiger Aufeinanderfolge und Wiederkehr eine beträchtliche Anzahl leuchtender Erscheinungen vorüberziehen, deren Gröſse uns im Vergleich zu unserer Erde nur gering dünkt, so mächtig wir auch den von ihnen durch das Spenden von Licht und Wärme geübten Einfluſs empfinden. Es kann uns daher nicht Wunder nehmen, daſs die Bewohner der Erde lange Zeit diese letztere für den gröſsten Körper im Weltgebäude hielten und meinten, daſs die um sie kreisenden Gestirne nur um derselben willen vorhanden seien. Genaue Forschungen haben das irrige dieser Ansicht dargethan, und so wissen wir heute, daſs jene Himmelslichter Weltkörper sind wie unsere Erde, ja daſs letztere nach Gröſse und Bedeutung einen recht bescheidenen Platz unter denselben einnimmt. Sie gehört zu einer besonderen Gruppe von Himmelskörpern, deren Glieder alle die gleiche Eigenschaft haben, daſs sie sich in regelmäſsigen Bahnen um den nämlichen, ihnen Licht und Wärme spendenden Zentralkörper — die Sonne — bewegen; von dieser letzteren hat die ganze Gruppe, zu welcher sie selbst mit gerechnet wird, den Namen das Sonnensystem erhalten. Die um die Sonne kreisenden Gestirne teilt man wieder ein in Planeten und Satelliten oder Trabanten. Die von den ersteren beschriebenen Bahnen sind Ellipsen, in deren einem Brennpunkte die Sonne steht, die sich aber im allgemeinen dem Kreise ziemlich stark annähern. Man unterscheidet bei den

Planeten wieder *groſse* und *kleine* und trennt erstere nochmals in *innere* und *äuſsere*. Die für die groſsen Planeten eingeführten Namen und Zeichen sowie ihre Reihenfolge, von dem der Sonne zunächst stehenden angefangen, lehrt die folgende Tabelle.

Innere	1. Merkur	☿
	2. Venus	♀
	3. Erde	♁
	4. Mars	♂
Kleine Planeten oder Planetoiden		
Äuſsere	5. Jupiter	♃
	6. Saturn	♄
	7. Uranus	♅
	8. Neptun	♆

Die kleinen Planeten, die sämtlich zwischen Mars und Jupiter ihre Bahnen ziehen und gleichsam die Grenze zwischen den inneren und äuſseren Planeten bilden, hier alle mit Namen aufzuführen, ist für unsere Zwecke vollkommen überflüssig, und es genügt die Bemerkung, daſs man bis jetzt deren schon mehr als 375 entdeckt hat. Gelegentlich unterscheidet man bei den Planeten auch *obere* und *untere*, indem man die Erde als Grenze setzt und als obere die auſserhalb der Erdbahn kreisenden, als untere diejenigen Planeten betrachtet, die innerhalb derselben sich um die Sonne bewegen. Diese letzteren, also Merkur und Venus, können zuweilen in ihrem Laufe zwischen Sonne und Erde zu stehen kommen, d. h. von der Erde aus gesehen vor der Sonnenscheibe erscheinen, eine Stellung, welche natürlich die oberen Planeten nie einnehmen können.

Die zweite Gruppe der dem Sonnensystem angehörenden Himmelskörper bilden die Satelliten oder Trabanten. Das charakteristische Merkmal für dieselben besteht darin, daſs sie sich nicht direkt um die Sonne, sondern erst um einen der Planeten drehen und dabei diesen auf seiner Bahn begleiten. Wir kennen bisher 21 solcher Satelliten und dieselben verteilen sich in folgender Weise auf die einzelnen Planeten. Es haben Erde und Neptun je einen, Mars 2, Jupiter 5, Uranus 4 und Saturn 8 Trabanten; von den Eigennamen derselben sei hier nur der des Satelliten unserer Erde, des *Mondes*, erwähnt, welchen man gelegentlich auch auf sämtliche anderen Planetenbegleiter überträgt, indem man sie allgemein als Monde bezeichnet.

Es werden vielfach auch die Kometen und Meteorschwärme zu unserem Sonnensysteme gerechnet, was auch insofern berechtigt ist, als viele dieser Gebilde elliptische Bahnen durchlaufen, in deren einem Brennpunkte die Sonne steht. Aber da von den Kometen auch viele nur einmal unser Sonnensystem durchkreuzen und sich dann wieder im Weltenraume verlieren, und von den Meteoren wohl auch manche nicht ihren Ursprung in unserem Sonnensystem haben, so kann man auch mit einigem Recht diese Gebilde als Verbindungsglieder zwischen den Körpern unseres Sonnensystems und den unzähligen das Universum füllenden Welten ansehen. Diese letzteren teilt man gewöhnlich in Fixsterne und Nebel, also in punkt- und in wolkenartige Erscheinungen ein; gelegentlich führt man noch als dritte Klasse die Sternhaufen an, was insofern keine Berechtigung hat, als dieselben nur eine scheinbare oder faktische Anhäufung von Fixsternen sind, also eine Unterabteilung dieser letzteren bilden. Den Namen Fix- d. h. feste Sterne wählte man deshalb, weil die so bezeichneten Himmelskörper auf längere Zeiträume bei oberflächlicher Beobachtung ihre gegenseitige Stellung beizubehalten schienen, während doch die Planeten beständig ihren Platz wechselten. Heute wissen wir, dafs die Fixsterne ihre Positionen wenn auch nur wenig so doch beständig ändern, und zwar aus zweierlei Ursachen. Einmal haben viele von ihnen thatsächlich eine eigene Bewegung, während zweitens unsere Sonne mit allen sie umkreisenden Körpern im Weltraum fortrückt, wir also die Fixsterne von einem immer wechselnden Standpunkte aus sehen. Die letzteren werden nach ihrer Helligkeit und der dadurch bedingten scheinbaren Gröfse in Gröfsenklassen eingeteilt, deren man bei den mit blofsem Auge sichtbaren von Alters her sechs zählt. Aufserdem hat man von jeher die Fixsterne ziemlich willkürlich in Gruppen — sogenannte Sternbilder — zusammengefafst, von denen man im Altertum 50 mit Namen belegte, während man jetzt deren über 100 unterscheidet. Zwölf derselben führen den besonderen Namen Zodiakalbilder, weil sie in jenem etwa 20° breiten Gürtel am Himmel stehen, von welchem man früher irrtümlicher Weise annahm, dafs er die scheinbaren Bahnen der Planeten am Himmel umfasse, und den man Zodiakus oder Tierkreis nennt.

Um sich nun unter den unzähligen Gebilden im Weltenraum orientieren und die verschiedenen Bewegungen derselben studieren zu können, ist es nötig die Winkel zu messen, um welche die einzelnen Körper zu bestimmten Zeiten von passend gewählten festen Ebenen abstehen, damit man mit Hülfe dieser Bestimmungsstücke oder Koordinaten jederzeit einen beliebigen Weltkörper wieder auffinden oder seine Lagenänderung feststellen kann. Dazu ist es jedoch erforderlich den Beobachtungsort auf der Erdoberfläche durch ähnliche Koordinaten festzulegen, und wir wollen im folgenden sehen, auf welche Weise das geschieht.

Die Koordinaten der Erdorte.

Für die vorliegenden Betrachtungen genügt es vollkommen, wenn wir die Erde als eine Kugel ansehen, die sich um einen ihrer Durchmesser — die Erdaxe — dreht. Die Endpunkte dieser letzteren auf der Erdoberfläche nennt man die Pole und unterscheidet sie als Nord- und Südpol. Denken wir uns nun durch die Erde Ebenen gelegt, welche alle durch den Mittelpunkt derselben gehen und die Axe in sich enthalten, so wird jede solche Ebene die Erdoberfläche in einem gröfsten Kreise schneiden, welcher durch die beiden Pole hindurchgeht. Alle diese gröfsten Kreise heifsen die Meridiane der Erde, und es ist klar, dafs wir uns durch jeden beliebigen Punkt der Erdoberfläche einen solchen Meridian gelegt denken können. Es giebt nun auf der Erde nur einen gröfsten Kreis, dessen Ebene auf denen aller Meridiane senkrecht steht und somit auch von der Erdaxe im Erdmittelpunkte unter einem rechten Winkel geschnitten wird, dieser gröfste Kreis heifst der Äquator der Erde. Die gleichen Eigenschaften wie die Äquatorebene — nämlich auf der Erdaxe senkrecht zu stehen und die Meridianebenen unter einem rechten Winkel zu schneiden — haben alle zu ihr parallelen Schnittebenen, welche die Erdoberfläche ebenfalls in Kreisen — wenn auch keinen gröfsten — schneiden. Alle die so erhaltenen Schnittkreise verlaufen parallel zum Äquator und werden um so kleiner, je weiter sie von demselben abstehen, während die Mittelpunkte aller auf der Erdaxe liegen. Man nennt diese Kreise Parallel- oder Breitenkreise, und es läfst sich durch jeden Punkt auf der Erdoberfläche ein solcher Breitenkreis legen, welcher dann den Meridian des Ortes in rechtem Winkel schneidet. Man bezeichnet die Breitenkreise nach dem Winkel, unter welchem die Verbindungslinie eines beliebigen Punktes der Peripherie mit dem Erdmittelpunkt (auch die Lotlinie des Ortes genannt) gegen die Äquatorebene geneigt ist. Man nennt diesen Winkel, der selbstverständlich für alle Punkte eines Parallelkreises der gleiche ist, die geographische Breite des Kreises. Derselbe ist naturgemäfs im Äquator gleich Null, an jedem Pol gleich 90^0, weshalb man die Breitenkreise vom Äquator ab nach dem Nordpol und Südpol hin je von 0^0 bis 90^0 zählt und als nördliche und südliche Breitenkreise unterscheidet. Wir wollen die geographische Breite eines Ortes stets mit dem griechischen Buchstaben φ bezeichnen und diesem das positive (+) oder negative (—) Vorzeichen geben, je nachdem die Breite nördlich oder südlich ist. Da aber alle auf einem Parallelkreise liegenden Punkte der Erdoberfläche dieselbe geographische Breite haben, so ist durch diesen Winkel allein die Lage eines Erdortes keineswegs vollständig genau bezeichnet, sondern es bedarf dazu noch eines Bestimmungsstückes, welche Bedingung durch Angabe des Meridians, der durch den Punkt geht, erfüllt wird. Da unter den Meridianen keiner in der Weise ausgezeichnet ist, wie der Äquator unter den Breitenkreisen, so ist es gleichgültig, bei welchem derselben man die Zählung beginnt, und diesem Umstande ist es zuzuschreiben, dass die Zählweise keine einheitliche ist, sondern verschiedene Nullmeridiane in Anwendung kommen. Gegen einen solchen wird die Lage eines beliebigen anderen Meridians durch Messung des Winkels, welchen die beiden Meridianebenen miteinander bilden, bestimmt und diese Winkelgröfse nennt man die geographische Länge des betreffenden Meridians.

Da man nun vom Nullmeridian ausgehend einen anderen auf zwei verschiedene Weisen erreichen kann, indem man einerseits stets nach Osten, andererseits nach Westen vorgehend die Erde umkreist, so mufs man bei Angabe der Länge für einen

Meridian auch immer die Richtung angeben, in welcher dieser Winkel gezählt ist. Man spricht daher von einer östlichen oder westlichen Länge und zählt die Winkel vom Nullmeridian entweder nach Osten oder nach Westen vorgehend von 0^0 bis 360^0 oder nach Osten und Westen vorrückend für jede Richtung von 0^0 bis 180^0. Hierbei pflegt man den westlichen Längen das negative (—), den östlichen das positive (+) Vorzeichen zu geben. Man versteht hierbei unter Meridian nicht die ganze Schnittfigur der Ebene mit der Erdoberfläche, sondern nur eine der von Pol zu Pol gehenden Hälften dieses Kreises, sodafs also zu ein und derselben Meridianebene zwei Längenangaben gehören, die bei der Zählweise in nur einer Richtung um 180^0 verschieden sind, beim Unterscheiden zweier Richtungen sich zu 180^0 ergänzen und dabei verschiedene Vorzeichen haben. Die gebräuchlichsten Nullmeridiane sind die folgenden:

Meridian von Ferro
- - Greenwich
- - Paris
- - Berlin
- - Washington,

wobei zu bemerken ist, dafs der Meridian von Ferro 20^0 westlicher Länge von Paris angenommen wird, während die Insel, der er seinen Namen verdankt, eine Länge von $20^0\,14'\,36''$ westlich von Paris hat. Durch Angabe der geographischen Länge und Breite eines Ortes und der Zählrichtungen dieser Winkel, sowie des Nullmeridians, auf welchen sich die Länge bezieht, ist die Lage eines Ortes auf der Erde eindeutig bestimmt.

Im Altertum war für die Breitenkreise noch eine andere Zählweise gebräuchlich, indem man die Erdoberfläche in Klimate einteilte, welche nach der Dauer des längsten Tages abgegrenzt wurden. Derselbe hat am Äquator eine Länge von 12 Stunden, nimmt nach den Polen hin allmählich zu und erreicht an diesen selbst eine Dauer von 6 Monaten. Man unterschied nun vom Äquator ausgehend zunächst 24 Klimate für viertelstündige Zunahmen der Tageslängen, wodurch man auf eine Dauer von 18 Stunden für den längsten Tag kam; dann folgten 4 Klimate für halbstündiges Anwachsen des längsten

Tages, wonach dieser am Schlufs 20 Stunden umfafste. Darauf rechnete man für die Tageslängen von 21, 22, 23 und 24 Stunden je ein Klima und ebenso lagen die Orte, für welche der längste Tag bis zu 1 Monat, dann bis zu 2, 3, 4, 5 und 6 Monaten dauerte je in einem solchen Klima, sodafs damit deren Gesamtzahl auf 38 für jede der beiden Hemisphären stieg. Dafs eine genaue Ortsbestimmung mit Hülfe dieser Klimate nicht zu erreichen ist, liegt auf der Hand. Noch viel weniger können dazu die 5 Zonen dienen, welche man noch heute auf der Erde unterscheidet, nämlich die heifse und die je zwei gemäfsigten und kalten Zonen. In der heifsen Zone liegen alle die Orte, über denen wenigstens einmal im Jahre die Sonne senkrecht steht, während die kalten Zonen die Gebiete in der Nachbarschaft des Nord- und Südpoles umfassen, bei denen es vorkommen kann, dafs die Sonne länger als 24 Stunden über oder unter dem Horizont bleibt; die Gegenden endlich, in welchen der längste Tag kürzer als 24 Stunden ist, und über denen aufserdem die Sonne nie senkrecht steht, liegen in den zwei gemäfsigten Zonen. Die beiden Parallelkreise, welche die gemäfsigten Zonen von den kalten trennen, heifsen der nördliche und südliche Polarkreis, während diejenigen, welche die Grenzen zwischen den gemäfsigten und der heifsen Zone bilden, die Wendekreise genannt werden. —

Die verschiedenen Koordinaten der Gestirne.

Haben wir im vorigen Abschnitt die Bestimmungsstücke für die Punkte auf der Erdoberfläche kennen gelernt, so wollen wir jetzt die Himmelskörper zu einigen festen Punkten in Beziehung bringen, d. h. die Koordinaten der Gestirne in Bezug auf ein oder mehrere Koordinatensysteme ermitteln. Dabei ist wohl zu merken, dafs es keineswegs auf die wirkliche Lage der Gestirne im Raume, sondern lediglich auf die gegenseitige Lage der vom Beobachtungsort oder vom Erdmittelpunkt nach den Himmelskörpern gezogenen geraden Linien ankommt. Die Sternkoordinaten bestimmen also keine Örter, sondern nur Richtungen nach den Sternen.

Als geeignetes Koordinatensystem bietet sich zunächst die

Erweiterung des auf der Erdoberfläche konstruierten Netzes dar. Man betrachtet den Himmel als eine Hohlkugel, deren Mittelpunkt mit dem Erdzentrum zusammenfällt, und an deren Innenwandung sich die Gestirne zu befinden scheinen. Die über ihre Endpunkte hinaus verlängerte Erdaxe trifft als *Weltaxe* die Hohlkugel im *Nord-* und *Südpol des Himmels*, während die erweiterte Erdäquatorebene die Hohlkugel im *Himmelsäquator* schneidet und in einen nördlichen und südlichen Himmel trennt. Die Erdmeridiane heifsen in ihrer Ausdehnung bis zum Himmelsgewölbe *Stundenkreise*, während die Breitenkreise der Erde bei ihrer Übertragung auf den Himmel den Namen *Deklinationsparallelen* erhalten. Die Stundenkreise sind, weil sie durch den Mittelpunkt der Hohlkugel gehen, ebenso wie der Äquator, gröfste Kreise, während die Deklinationsparallelen dies nicht sind. Die Ebene eines der Stundenkreise wird jedesmal mit der erweiterten Meridianebene des Beobachtungsortes zusammenfallen, ist also dadurch von den übrigen ausgezeichnet, und man bezieht auf sie die Ebene jedes anderen Stundenkreises durch Messung des von beiden Ebenen eingeschlossenen *Stundenwinkels*. Die Meridianebene schneidet den Himmelsäquator in zwei diametral gegenüberliegenden Punkten, von denen der eine nördlich, der andere südlich vom Beobachtungsorte liegt. Man zählt nun die Stundenwinkel auf dem Äquator und zwar wenn der Beobachtungsort auf der $\left\{\begin{matrix}\text{nördlichen}\\ \text{südlichen}\end{matrix}\right\}$ Halbkugel der Erde liegt, vom $\left\{\begin{matrix}\text{südlichen}\\ \text{nördlichen}\end{matrix}\right\}$ Durchschnittspunkt des Meridians mit dem Himmelsäquator ab entweder nach Westen vorrückend von 0^0 bis 360^0 oder nach Westen und Osten gehend je von 0^0 bis 180^0. Bei Anwendung letzterer Zählweise unterscheidet man westliche und östliche Stundenwinkel und bezeichnet erstere mit dem positiven (+), letztere mit dem negativen (—) Vorzeichen. Bei den Stundenkreisen werden ganz wie bei den Meridianen nur Halbkreise — von Pol zu Pol gehend — gerechnet, sodafs die Lage der Ebene eines Stundenkreises zwei Bezeichnungen hat, welche sich bei der ersteren Zählweise um 180^0 unterscheiden, bei der letzteren sich zu 180^0 ergänzen und entgegengesetzte Vorzeichen haben. — Aufser der einen Koordinate — dem Stundenwinkel —

bedarf man zur Bestimmung der Richtung nach dem Stern noch einer zweiten, welche man dadurch erhält, daſs man den Winkel zwischen der vom Mittelpunkte der Hohlkugel nach dem Gestirn gezogenen geraden Linie und der Äquatorebene miſst; dieser Winkel heiſst die Abweichung oder Deklination. Man zählt diese vom Äquator gegen die beiden Pole zu je von 0^0 bis 90^0 und unterscheidet demgemäſs nördliche und südliche Deklinationen, denen man das positive (+) beziehentlich negative (—) Vorzeichen giebt entsprechend der Bezeichnung der geographischen Breiten. Zuweilen bestimmt man auch den spitzen Winkel, welchen die vom Mittelpunkt der Hohlkugel nach dem Gestirn gezogene gerade Linie mit der Weltaxe bildet, und da derselbe den Abstand angiebt, den das Gestirn vom nächstgelegenen Weltpol hat, so nennt man ihn die Poldistanz. Auch hier hat man wohl auseinander zu halten, ob der Abstand vom Nord- oder vom Südpol gemessen ist, und danach dem Winkel das positive oder negative Vorzeichen zu geben. Die Summe von Poldistanz und Deklination eines und desselben Sternes beträgt stets 90^0.

Da sich nun die Erde von West nach Ost um ihre Axe dreht, so fällt in jedem Augenblicke die Meridianebene mit einem anderen Stundenkreise zusammen, der Stundenwinkel eines Sternes ändert sich also beständig, während die Deklination konstant bleibt. Um nun zwei unveränderliche Koordinaten eines Gestirnes zu haben, ersetzt man die Zählweise der Stundenkreise durch eine andere. — Die Erde dreht sich nicht nur um sich selbst, sondern auch zugleich in einer nahezu kreisförmigen Bahn — der Ekliptik — um die Sonne. Die Ebene der Ekliptik fällt nicht mit der Äquatorebene zusammen, sondern bildet mit dieser einen Winkel von ungefähr $23^1/_2{}^0$, die sogenannte Schiefe der Ekliptik. Denkt man sich diese Ebene ins Unbegrenzte erweitert, so wird sie die scheinbare Himmelskugel in einem gröſsten Kreise schneiden, und man kann für den vorliegenden Zweck ohne merklichen Fehler die Sonne als diese Himmelsekliptik durchwandernd betrachten. Die Ekliptik schneidet den Äquator in zwei diametral gegenüber liegenden Punkten, und da auf der Erde Tag und Nacht gleich lang sind, wenn die Sonne im Frühlinge und im Herbste in je einem dieser Punkte steht, so heifsen dieselben Äquinoktialpunkte oder Frühlings- beziehentlich Herbst-Tag- und Nachtgleichenpunkte, oder man unterscheidet sie auch kurz als Frühlings- und Herbstpunkt. Diese beiden Punkte behalten ihre Lage auf dem Äquator fast unverändert bei, weshalb man den einen derselben zur Zählung der Stundenkreise in der Weise benutzt, dafs man den Bogen mifst, der zwischen dem Durchschnittspunkt des Äquators mit einem Stundenkreise und dem Frühlings-Tag- und Nachtgleichenpunkt liegt. Diesen Bogen nennt man die gerade Aufsteigung oder Rektascension des Stundenkreises, und man zählt diesen Winkel auf dem Äquator vom Frühlings-Tag- und Nachtgleichenpunkt immer nach Osten gehend von 0^0 bis 360^0. — Der durch die Äquinoktialpunkte gehende Stundenkreis heifst der Kolur der Tag- und Nachtgleichen, und da die dazu senkrechte Stundenkreisebene durch die beiden Punkte der Ekliptik, in welchen die Sonne ihren höchsten, beziehentlich tiefsten Stand erreicht, — die sogenannten Solstitial- oder Wendepunkte — geht, so wird derselbe Kolur der Sonnenwenden genannt.

Rektascension und Deklination bilden also ein zweites und zwar ein nur in sehr grofsen Zeiträumen sich merklich änderndes Koordinatensystem der Gestirne, welches jedoch den einen Übelstand hat, dafs man den Anfangspunkt der Zählung der Rektascensionen nicht ohne weiteres finden kann, sondern dafs man dazu den Stundenwinkel des Frühlings-Tag- und Nachtgleichenpunktes kennen mufs.

In derselben Weise wie der Äquator dient auch die Ekliptik als Fundamentalebene eines Koordinatensystems. Man errichtet im Mittelpunkte der Hohlkugel senkrecht zur Ekliptik eine gerade Linie, welche das scheinbare Himmelsgewölbe in dem Nord- und Südpol der Ekliptik trifft. Alle durch diese beiden Pole gehenden gröfsten Kreise heifsen Breitenkreise und stehen senkrecht auf der Ekliptik, während die zu letzterer parallelen kleinen Kreise Breitenparallelen genannt werden. Die Winkel zwischen der durch die Äquinoktialpunkte gehenden Breitenkreisebene und den übrigen heifsen die Längen und werden auf der Ekliptik vom Frühlings-Tag- und Nachtgleichenpunkt nach Osten zu von 0^0 bis 360^0 gezählt, sodafs also jeder

Breitenkreis ebenso wie die Stundenkreise und Meridiane je zwei um 180° verschiedene Bezeichnungen erhält. Die von den Richtungslinien nach den Sternen mit der Ebene der Ekliptik gebildeten Winkel heifsen die Breiten und werden von der Ekliptik nach beiden Polen zu von 0° bis 90° gezählt und demgemäfs als nördliche und südliche Breiten unterschieden. Es bedarf wohl kaum des ausdrücklichen Hinweises, dafs die Längen und Breiten am Himmel in keiner Beziehung zu den geographischen Längen und Breiten auf der Erde stehen, sondern mit ihnen nichts als den Namen gemeinsam haben. Für die Längen am Himmel ist noch eine andere Zählweise als die von 0° bis 360° im Gebrauch, welche besonders früher viel benutzt wurde. Man zerlegt die Ekliptik in 12 Bogen von je 30°, von denen jeder mit dem Namen eines benachbarten Sternbildes des Tierkreises bezeichnet wird, und die man zusammen die himmlischen Zeichen nennt. Man zählt von Zeichen Null bis elf und hat aufserdem noch ein besonderes Symbol für jedes eingeführt, sowie je drei aufeinander folgende zu einer besonderen Klasse zusammengefafst, wie die folgende Tabelle lehrt:

Frühlingszeichen	0	♈	Widder	0°
	I	♉	Stier	30
	II	♊	Zwillinge	60
Sommerzeichen	III	♋	Krebs	90
	IV	♌	Löwe	120
	V	♍	Jungfrau	150
Herbstzeichen	VI	♎	Wage	180
	VII	♏	Skorpion	210
	VIII	♐	Schütze	240
Winterzeichen	IX	♑	Steinbock	270
	X	♒	Wassermann	300
	XI	♓	Fische	330

Ist danach eine Länge in Zeichen und Graden ausgedrückt, so braucht man die Nummer des Zeichens nur mit 30 zu multiplizieren und die angegebenen Grade dazu zu addieren, um sofort die Angabe in Graden zu erhalten. So würde also z. B. die Angabe IV Z 17° bedeuten eine Länge von $\mathrm{IV} \times 30 = 120 + 17 = 137^0$. Die Namen Frühlings-, Sommer-, Herbst- und Winterzeichen erklären sich auf folgende Weise. Sobald die Sonne auf der

Ekliptik in das Zeichen des Widders tritt, steht sie damit zugleich im Frühlingspunkt, von welchem Moment ab wir für die nördliche Erdhemisphäre den Frühling rechnen. Dann rückt die Sonne auf der Ekliptik vor, indem sie sich dem nördlichen Himmelspol nähert, bis sie beim Eintritt in das Zeichen des Krebses (90° Länge) für die nördliche Erdhälfte ihren höchsten Stand erreicht hat. Diese Stellung nennt man das Sommersolstiz, und da sich die Sonne von da ab wieder abwärts wendet, den Punkt den Wendepunkt des Krebses oder — weil von da ab der Sommer für die Orte nördlicher geographischer Breite gerechnet wird — den Sommerpunkt. Mit dem Einrücken in das Zeichen der Wage steht die Sonne im Herbstpunkt, welcher Zeitpunkt für unsere Gegenden den Beginn des Herbstes markiert. Nunmehr steigt die Sonne unter den Äquator herunter und nähert sich dem Südpol des Himmels. Ihre tiefste Stellung nimmt sie beim Eintritt in das Zeichen des Steinbocks ein, dann beginnt sie wieder emporzusteigen. Man rechnet bei diesem Stande für uns den Beginn des Winters und nennt daher den Ort den Winterpunkt oder den Wendepunkt des Steinbocks; die ganze Stellung der Sonne bezeichnet man als Wintersolstiz. Die vier Punkte Frühlings-, Sommer-, Herbst- und Winterpunkt begreift man wohl auch gemeinschaftlich unter dem Namen der Jahrespunkte. Da beim Durchlaufen der sechs ersten Zeichen die Sonne nördlich vom Äquator steht, bezeichnet man dieselben auch wohl als die nördlichen, die sechs übrigen als die südlichen. Im Hinblick auf den Umstand, daſs die Sonne vom Eintritt in das Zeichen des Steinbocks bis zum Einrücken in den Krebs für unsere Breiten am Himmel immer höher und höher zu steigen scheint, nennt man die Winter- und Frühlingszeichen zusammen die aufsteigenden und entsprechend die übrigen die niedersteigenden Zeichen. Im Anschluſs an diese Auseinandersetzungen ist es ohne weiteres verständlich, wie die Deklinationsparallelen, welche durch die beiden Wendepunkte gehen, zu den besonderen Namen Wendekreis des Krebses und Wendekreis des Steinbocks gekommen sind. Die von den beiden Polen der Ekliptik beim täglichen Umschwung der Himmelskugel durchlaufenen Deklinationsparallelen werden als nördlicher und südlicher

Polarkreis unterschieden. Der Übertragung dieser letzteren vier Namen auf die entsprechenden Breitenkreise auf der Erde ist schon zu Ende des vorigen Abschnitts gedacht.

Was hier von dem Lauf der Sonne gesagt ist, bezieht sich natürlich nur auf Scheinbewegungen derselben, in Wahrheit ist es die Erde, die sich um die Sonne in einer Ellipse bewegt, in deren einem Brennpunkte die Sonne steht. Die beiden Endpunkte der grofsen Axe dieser Bahn heifsen Apsiden. In dem einen derselben hat die Erde ihre gröfste Entfernung von der Sonne; sie erreicht denselben bald nach dem Sommerpunkt, man sagt dann, sie stehe im Aphelium oder in der Sonnenferne. Der entgegengesetzte Apsidenpunkt wird von der Erde bald nach dem Winterpunkt passiert, sie ist dann in die Sonnennähe oder das Perihelium gekommen. Nach einem der Kepplerschen Grundgesetze bewegt sich die Erde im Aphelium am langsamsten, im Perihelium am schnellsten in ihrer Bahn vorwärts.

Die Lage des Frühlingspunktes ist keine absolut feste, sondern dieselbe verschiebt sich auf der Ekliptik langsam in der Richtung von Ost nach West und zwar um eine Gröfse, die sich von Jahr zu Jahr — wenn auch nur sehr wenig — ändert und die Präcession genannt wird; sie betrug im Jahre 1800 nach Bessels Berechnung 50″,22. Der Frühlingspunkt wird also in etwa 26 000 Jahren die ganze Ekliptik durchlaufen. Dadurch werden die Längen der Sterne beständig geändert, und so ist es erklärlich, dafs die Sternbilder, welche vor 2000 Jahren für die himmlischen Zeichen ihre Namen herleihen mufsten, jetzt um ein ganzes Zeichen nach Osten gerückt sind, sodafs gegenwärtig das Sternbild des Widders im Zeichen des Stieres, das des Stieres in dem der Zwillinge u. s. w. steht, wodurch schliefslich das Sternbild der Fische das Zeichen des Widders einnimmt. — Die Präcession bewirkt auch eine langsame Verschiebung des Äquators und seiner Pole, wodurch die Rektascensionen und Deklinationen der Sterne allmählich geändert werden, was oben schon angedeutet wurde. —

Aufser den drei bisher besprochenen Koordinatensystemen für die Sterne giebt es noch ein viertes, zu dem wir durch folgende Betrachtung gelangen.

Jedem Beobachter auf der Erdoberfläche erscheint diese nicht als eine Kugel, sondern als eine Ebene. Man kann diese scheinbare Ebene durch eine wirkliche ersetzen, indem man sich im Beobachtungsort eine Berührungs- oder Tangentialebene an die Erdkugel gelegt denkt. Errichtet man auf dieser eine Senkrechte, so trifft dieselbe bei Verlängerung nach oben und unten das scheinbare Himmelsgewölbe in zwei Punkten, von denen der dem Beobachter sichtbare das Zenith oder der Scheitelpunkt, der durch den Erdkörper dem Beobachter verdeckte das Nadir oder der Fuſspunkt heiſst. Die Gerade selbst nennt man die Vertikal- oder Scheitellinie; die Tangentialebene im Beobachtungsort heiſst der Horizont. Durch Zenith und Nadir gehen die gröſsten Kreise, deren Ebenen auf der des Horizontes senkrecht stehen, dieselben heiſsen Vertikalkreise; einer derselben fällt stets mit der erweiterten Meridianebene des Ortes zusammen und schneidet auf dem Horizont den Nord- und Südpunkt ein, während der dazu senkrechte Vertikal durch den Ost- und Westpunkt geht und als erster Vertikal bezeichnet wird. Der Winkel, den die Richtungslinie vom Erdmittelpunkt nach dem Gestirn mit der Ebene des Horizontes bildet, heiſst die Höhe, während der durch den Winkel zwischen jener Richtungslinie und der Vertikalen gemessene Abstand des Gestirns vom Zenith die Zenithdistanz genannt wird. Die Höhen zählt man vom Horizont zum Zenith, die Zenithdistanzen in umgekehrter Richtung von 0^0 bis 90^0; beide Winkel sind stets positiv und ergänzen einander zu einem Rechten. Die Lage der Vertikalkreise bestimmt man in der Weise, daſs man die Winkel miſst, welche ihre Ebenen mit der Meridianebene einschlieſsen; diese Winkel nennt man die Azimute und zählt dieselben auf dem Horizont vom Meridian entweder nur nach Westen gehend von 0^0 bis 360^0, oder nach Westen und Osten vorgehend je von 0^0 bis 180^0; in letzterem Falle unterscheidet man westliche und östliche Azimute und giebt ersteren das positive (+), letzteren das negative (—) Vorzeichen. Die dem Horizont parallelen kleinen Kreise heiſsen Horizontalkreise oder Almukantarats. Durch die Axendrehung der Erde ändert sich Höhe und Azimut eines Gestirnes beständig, sodaſs man die genaue Angabe des Moments braucht, für welchen diese Gröſsen gelten, wenn dieselben überhaupt Wert haben sollen.

Die Beziehungen der verschiedenen Gestirnskoordinaten untereinander und zum Beobachtungsort.

Wir haben gesehen, daſs wir den Himmel als eine Hohlkugel betrachten können, in deren Mittelpunkte sich die Erde befindet; wenn wir jetzt die zwischen den durch die Weltaxe und die Erdaxe gehenden Koordinatenebenen bestehenden Relationen ermitteln wollen, so beziehen sich diese streng genommen auf den Erdmittelpunkt; da jedoch die Dimensionen der Erde im Vergleich zu den Entfernungen der Sterne von derselben verschwindend klein sind, so können wir ohne merklichen Fehler die eigentlich nur für den Erdmittelpunkt geltenden Beziehungen auch für jeden auf der Erdoberfläche liegenden Ort als zu Recht bestehend annehmen.

Die scheinbare Ebene, als welche sich die Erdoberfläche einem Beobachter auf derselben darstellt, können wir als Horizontebene des Beobachtungsortes ansehen; über ihr steht das halbkugelförmige Himmelsgewölbe, welches die Ebene des Horizontes in einem Kreise zu berühren scheint, den man gelegentlich als Horizont des Beobachtungsortes zu bezeichnen pflegt. Die ganze Hohlkugel, als welche der Himmel angesehen werden kann, wird also durch die Ebene des Horizontes in eine für den Beobachter sichtbare und eine ihm durch den Erdkörper verdeckte also unsichtbare Hälfte zerlegt, welche Hälften man gelegentlich auch als obere und untere bezeichnet. Denken wir uns die Ebene des durch den Beobachtungsort gehenden Erdmeridians erweitert, bis sie das Himmelsgewölbe in einem Vertikalkreis schneidet, so wird dieser letztere auch als Meridian von den anderen Vertikalkreisen unterschieden; die Gerade, in welcher Meridian- und Horizontalebene sich durchschneiden, nennt man die Mittagslinie, deren Enden die schon oben erwähnten Nord- und Südpunkte sind. Die Meridianebene trennt das Himmelsgewölbe in eine östliche und westliche Hälfte, und zwar liegt, wenn der Beobachter sein Gesicht dem südlichen Himmelspol zuwendet, erstere zu seiner Linken, letztere rechts von ihm. — Wenn wir uns ferner auch die Ebene des durch den Beobachtungsort gehenden Breitenkreises bis zu ihrem Durchschnitt mit dem Himmelsgewölbe erweitert denken, so können wir den so erhaltenen Schnittkreis aus dem eingangs angegebenen Grunde als Himmelsäquator ansehen. Da sich Breitenkreis und Meridian auf der Erde senkrecht durchschneiden, so wird auch die Ebene des Horizontes durch die erweiterte Breitenkreisebene in einer zur Mittagslinie senkrechten Geraden geschnitten, die in den schon früher erwähnten Ost- und Westpunkten endet, in welchen dann natürlich auch der Himmelsäquator den Horizont trifft. Die durch diese Punkte gehende Stundenkreisebene steht also auch senkrecht auf der Meridianebene und enthält die beiden Stundenkreise, deren östlicher und westlicher Stundenwinkel 90^0 sind.

Da nun die Scheitellinie durch den Erdmittelpunkt geht und dort mit der Erdäquatorebene jenen Winkel einschließt, den wir als geographische Breite bezeichnet haben, so wird dieselbe auch mit der Ebene des Himmelsäquators den gleichen Winkel bilden, dann ist also der Bogen des Meridians, der zwischen dem Durchschnittspunkt mit dem Himmelsäquator und dem Zenith liegt, gleich der geographischen Breite. Weil nun die Weltaxe auf der Äquatorebene und die Scheitellinie auf der Horizontalebene und damit der Mittagslinie senkrecht steht, so ist auch die Weltaxe gegen die Mittagslinie um einen Winkel geneigt, der gleich der geographischen Breite ist, d. h. dieselbe ist gleich dem Bogen des Meridians, der zwischen dem sichtbaren Weltpol und dem $\left\{\begin{matrix}\text{Nord-}\\ \text{Süd-}\end{matrix}\right\}$ Punkt — auf der $\left\{\begin{matrix}\text{nördlichen}\\ \text{südlichen}\end{matrix}\right\}$ Erdhälfte — liegt. Da aber dieser Bogen zugleich auch die Höhe des sichtbaren Weltpoles über dem Horizont angiebt, so nennt man die geographische Breite auch wohl die Polhöhe des Beobachtungsortes. Da von den beiden eben beschriebenen Meridianbögen der erste durch den Meridianbogen zwischen dem Durchschnitt mit dem Himmelsäquator und dem $\left\{\begin{matrix}\text{Süd-}\\ \text{Nord-}\end{matrix}\right\}$ Punkt — auf der $\left\{\begin{matrix}\text{nördlichen}\\ \text{südlichen}\end{matrix}\right\}$ Erdhemisphäre —, der zweite durch den Meridianbogen zwischen Zenith und Weltpol zu einem Viertelkreis ergänzt wird, so entsprechen diesen letzteren Bögen Winkel, welche jeder für sich mit der geographischen Breite zusammen 90° ergeben. Da der erstere dieser beiden anzeigt, wie hoch sich der Äquator über den Horizont des Beobachtungsortes erhebt, so nennt man denselben auch wohl die Äquatorhöhe. Polhöhe und Äquatorhöhe machen also zusammen einen rechten Winkel aus.

Ein genau im Äquator stehender Stern wird infolge der Axendrehung der Erde vom Ost- zum Westpunkt am Himmel einen Halbkreis beschreiben und beim Durchgang durch den Meridian seine gröſste Höhe, die er überhaupt über dem Horizont des Beobachtungsortes erlangen kann, einnehmen, nämlich die Äquatorhöhe. Da sich nun alle Sterne scheinbar in Kreisen bewegen, die dem Äquator parallel sind, so gilt auch für alle die Regel, daſs sie beim Durchgang durch den Meridian, ihrer sogenannten Kulmination, die höchste Höhe haben, die sie für einen bestimmten Ort überhaupt erreichen können. Die Kreisbögen, welche von den Sternen oberhalb des Horizontes am Himmel beschrieben werden, sind gröſser als ein Halbkreis, wenn die Sterne dem sichtbaren Weltpol näher stehen als ein Äquatorstern, oder mit anderen Worten, wenn die Deklination der Sterne dasselbe Vorzeichen hat wie die geographische Breite; hat dieselbe das entgegengesetzte Zeichen, so ist der vom Stern oberhalb des Horizonts durchlaufene Bogen kleiner als ein Halbkreis. — Bei einer vollen Umdrehung der Erde muſs ein Stern zweimal durch die Meridianebene eines Ortes gehen, einmal in der Richtung von Ost nach West, das andere Mal entgegengesetzt; man nennt den ersten Durchgang die obere, den zweiten die untere Kulmination. Für die meisten Himmelskörper wird die letztere für den Beobachter nicht sichtbar unterhalb des Horizonts stattfinden; nur für diejenigen Sterne, deren Poldistanz höchstens gleich der geographischen Breite ist — die Circumpolarsterne —, wird auch die untere Kulmination oberhalb des Horizonts erfolgen. Diese Sterne haben in der oberen Kulmination ihre höchste, in der unteren ihre geringste Höhe über dem Horizont. Die Höhe, welche ein Stern bei seiner oberen Kulmination hat, nennt man die Mittagshöhe.

Im allgemeinen ist also die Ebene des Himmelsäquators gegen die des Horizontes um einen spitzen Winkel — eben die

Äquatorhöhe — geneigt, welche Lage des scheinbaren Himmelsgewölbes man als Sphaera obliqua bezeichnet; davon zu unterscheiden sind folgende besondere Fälle. Die unter dem Äquator liegenden Erdorte haben die geographische Breite Null, folglich ist die Polhöhe gleich 0° und die Äquatorhöhe gleich 90°, d. h. der Himmelsäquator geht durch das Zenith dieser Orte und die Pole liegen im Horizont derselben. Die Ebenen des Himmelsäquators und der Deklinationsparallelen stehen senkrecht auf der des Horizontes, und man nennt daher diese Stellung der Himmelskugel die gerade oder senkrechte, oder die Sphaera recta. An den beiden Polen der Erde dagegen ist die geographische Breite und damit die Polhöhe gleich 90°, also die Äquatorhöhe gleich Null. Hier fallen also Äquator und Horizont einerseits, sowie Pol und Zenith andererseits zusammen, während die Sterne sich immer parallel zum Horizont bewegen, daher spricht man hier von einer parallelen Stellung der Himmelskugel oder einer Sphaera parallela.

Ganz anders als der Äquator verhält sich die Ekliptik gegen die Ebene des Horizontes, indem der Winkel, den sie mit dieser einschliefst, beständig zwischen zwei Grenzwerten hin und herschwankt. Die gröfste Neigung gegen den Horizont — nämlich Äquatorhöhe plus Schiefe der Ekliptik — hat die Ekliptik, wenn auf der nördlichen Halbkugel der Sommerpunkt in oberer Kulmination ist, die kleinste — nämlich Äquatorhöhe minus Schiefe der Ekliptik — wenn der Winterpunkt in oberer Kulmination ist. In diesen Lagen fallen auch die Schnittpunkte von Horizont und Ekliptik mit dem Ost- und Westpunkt zusammen, in allen anderen Stellungen liegen sie mehr oder weniger von den letzteren entfernt. Daraus folgt weiter, dafs ein Zeichen, d. h. ein Bogen der Ekliptik von 30°, verschieden lange Zeit braucht, um die Ebene des Horizontes zu passieren, und zwar dauert dies umsolänger, je steiler die Ekliptik gerade ansteigt; immerhin befindet sich natürlich stets die eine Hälfte der Zeichen über, die andere unter dem Horizont.

Die verschiedenen Arten von Zeit und Jahr.

Die Erde dreht sich mit gleichförmiger Geschwindigkeit von Westen nach Osten um ihre Axe und bedingt dadurch eine ebenfalls gleichförmige scheinbare Bewegung der Gestirne — die sogenannte erste, tägliche oder gemeinschaftliche — in entgegengesetzter Richtung. Daher wird in der Zeit, welche verstreicht zwischen zwei aufeinander folgenden oberen Kulminationen desselben Sternes in einem Meridian, die Erde genau eine Umdrehung um ihre Axe machen; man nennt diese Zeit einen Sterntag und teilt denselben in 24 Stunden Sternzeit ein. Man sagt, ein Ort habe $0^h\,0^m\,0^s$ Sternzeit, wenn der Frühlings-Tag- und Nachtgleichenpunkt durch den Meridian desselben geht. Die Lage des Äquinoktialpunktes ist zwar keine absolut feste, aber die Schwankungen derselben sind so gering, daſs man sie für vorliegenden Zweck nicht zu berücksichtigen braucht. Da die Umdrehungszeit der Erde um ihre Axe sich stets gleich bleibt, so wäre es am bequemsten, die Zeiteinteilung allein darnach zu regulieren, aber man würde dadurch sehr bald in Widerstreit mit der Sonne kommen, und diese zwingt durch den ungeheuren Einfluſs auf alles Leben der Erde den Menschen, die Zeit nach ihrem Stande zu regulieren. Man nennt nun die Zeit, welche zwischen zwei aufeinander folgenden Kulminationen der Sonne an einem Erdorte verflieſst, einen wahren Sonnentag und teilt denselben in 24 Stunden wahre Zeit ein. Zur Darstellung, wie sich die wahre Zeit zur Sternzeit verhält, diene Fig. 1. S sei die Sonne, $A_1\,A_3$ ein Stück der Erdbahn und $B_1''\,B_3$ ein Teil des scheinbaren Himmelsgewölbes, dessen Entfernung als unendlich groſs im Vergleich zum Abstand der Erde von der Sonne anzusehen ist. — In einem gegebenen Momente befinde sich die Erde in A_1, dann wird die Sonne gleichzeitig mit dem in B_1 befindlichen

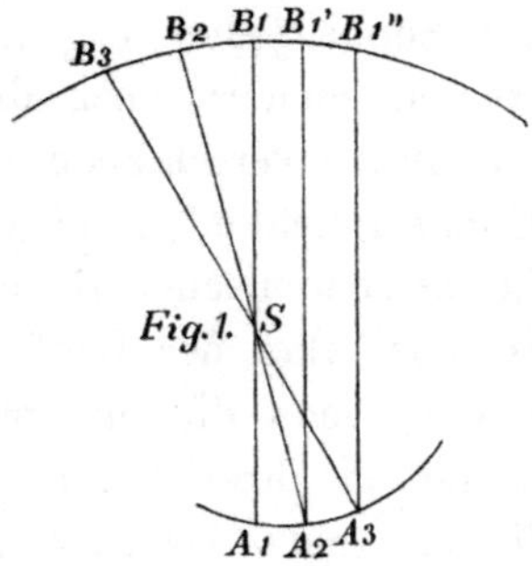

Fig. 1.

Stern durch den Meridian gehen. Nach 24^h Sternzeit befinde sich die Erde in A_2; bei der ungeheuren Entfernung der Sterne wird B_1 in derselben Richtung erscheinen, wie am Tage zuvor, also $A_1 B_1$ parallel $A_2 B_1'$. Bei der Kulmination von B_1 am Beobachtungsort sind also 24^h Sternzeit verflossen, aber die Sonne geht erst mit Stern B_2 zu gleicher Zeit durch den Meridian, die Erde mufs sich also noch um den Winkel $B_1' A_2 B_2$ drehen bis 24^h wahre Zeit oder ein wahrer Sonnentag verflossen sind. Die wahre Zeit ist also hinter der Sternzeit zurückgeblieben, oder: ein Sterntag ist kürzer als ein wahrer Sonnentag. Nach abermals 24^h Sternzeit stehe die Erde in A_3, die Sonne kulminiert erst mit dem Stern B_3 zu gleicher Zeit, die Erde mufs sich also um den Winkel $B_1'' A_3 B_3$ drehen, bis ein zweiter wahrer Sonnentag verstrichen ist, d. h. der Unterschied zwischen wahrer Zeit und Sternzeit ist noch mehr angewachsen. Würde man also nach Sternzeit rechnen, so würde nicht nur die Sonne jeden Tag zu einer anderen Uhrangabe im Mittag stehen, sondern auch die Stunden würden ihre Lage am Tage allmählich verschieben, was im bürgerlichen Leben zu grofsen Unzuträglichkeiten führen müfste, daher wird die Sternzeit nur bei astronomischen Beobachtungen und Rechnungen benutzt. — Nun ist aber der Lauf der Erde um die Sonne kein gleichförmiger, denn die erstere bewegt sich bald schneller bald langsamer in ihrer Bahn, je nachdem sie der Sonne näher oder ferner steht Dadurch wird die Länge der wahren Sonnentage eine veränderliche, und somit die Verwendung derselben für die bürgerliche Zeiteinteilung unmöglich. Deshalb hat man eine fingierte oder mittlere Sonne eingeführt, um welche sich die Erde mit gleichmäfsiger Geschwindigkeit bewegt. Zwei aufeinander folgende Kulminationen dieser mittleren Sonne schliefsen einen mittleren Sonnentag ein, welcher stets gleiche Länge hat und in 24 Stunden mittlere Zeit eingeteilt wird. Die Zählung dieser 24 Stunden beginnen die Astronomen mit dem Mittag und zählen sie von 0^h bis 24^h durch. Im bürgerlichen Leben läfst man den Tag um Mitternacht anfangen und zählt zweimal 12 Stunden. Dieser bürgerliche Tag ist dem astronomischen mittleren Tage um 12 Stunden oder einen halben Tag voraus. Daraus folgt, dafs in der Zeit von Mitternacht bis Mittag das astronomisch gezählte Datum einen Tag weniger hat als das bürgerliche Datum, während in der Zeit von Mittag bis Mitternacht beide übereinstimmen. Ist z. B. im bürgerlichen Leben der 3. August vormittags, so ist nach astronomischer Zählweise noch der 2. August, denn für diese beginnt der 3. August erst am Mittag.

Der Unterschied der Dauer zwischen einem wahren und einem mittleren Sonnentag wird nie grofs sein, sich aber beständig ändern. Man nennt die Zeit, um welche die wahre Sonne früher oder später durch den Meridian eines Ortes geht, als die mittlere, die Zeitgleichung; dieselbe kann höchstens 17^m betragen und wird gewöhnlich mit dem Vorzeichen angegeben, das sich aus der Gleichung

$$\text{mittlere Zeit} - \text{wahre Zeit} = \text{Zeitgleichung}$$

ergiebt. Kennt man also die Zeitgleichung, so kann man stets die zu einer Angabe in wahrer Zeit gehörige Angabe in mittlerer Zeit finden und umgekehrt. — Bei Betrachtung von Fig. 1 haben wir gesehen, dafs die Sonne mit dem Stern B_1 durch den Meridian eines Ortes ging, wenn sich die Erde in A_1 befand. An den folgenden Tagen, wo die Erde in A_2, A_3 etc. stand, ging die Sonne zugleich mit den Sternen B_2, B_3 etc. durch den Meridian desselben Ortes. Mit dem Stern B_1 wird sie erst wieder zugleich durch den Meridian des Beobachtungsortes gehen, wenn sich die Erde wiederum in A_1 befindet, was erst nach Vollendung eines Umlaufs derselben um die Sonne eintritt. Die dazu nötige Zeit heifst ein siderisches oder Stern-Jahr, dessen Länge (nach Hansen) 365,256358 mittlere Sonnentage oder $365^d\ 6^h\ 9^m\ 9.^s34$ mittlere Zeit beträgt. Nimmt man nun für B_1 nicht einen beliebigen Stern, sondern den Frühlings-Tag- und Nachtgleichenpunkt, so nennt man die Zeit, welche verstreicht von dem Moment an, in welchem die Sonne mit dem Äquinoktialpunkt zugleich für den Erdort kulminiert, bis zu dem Augenblick, in dem dieses Phänomen für den gleichen Meridian wieder eintritt, ein tropisches Jahr. Nach Ablauf eines siderischen Jahres ist also die Sonne an denselben Platz unter den Fixsternen, nach Beendigung eines tropischen auf den gleichen Punkt in der Ekliptik zurückgekehrt. Durch das auf Seite 13 bereits dargelegte Vorrücken des Frühlings-Tag- und Nachtgleichenpunktes im Sinne der täglichen Bewegung ist das tropische Jahr nicht nur kürzer als das siderische, sondern es hat überhaupt keine konstante Länge, aber die Änderungen sind so gering (in hundert Jahren etwa $0,^s6$), dafs wir dieselben hier vernachlässigen können. Die Dauer desselben beträgt (nach Hansen) für das Jahr 1800: 365,242204 mittlere Sonnentage oder $365^d\,5^h\,48^m\,46.^s43$ mittlere Zeit. Nun haben wir aber in Figur 1 gesehen, dafs die Erde zur Vollendung des ersten Sonnentages sich einmal ganz um ihre Axe und noch um den Winkel $B_1'\,A_2\,B_2$, zum Durchlaufen des zweiten Sonnentages einmal um ihre Axe und noch um den Winkel $B_1''\,A_3\,B_3$ drehen mufs. Mit jedem weiteren Sonnentage wächst dieser Überschufswinkel über eine volle Umdrehung oder einen Sterntag mehr und mehr, bis er schliefslich 360^0 oder eine ganze Umdrehung erreicht; daraus folgt, dafs das tropische Jahr genau einen Sterntag mehr haben mufs, als mittlere Sonnentage, also umfafst ein tropisches Jahr 366,242204 Sterntage. Damit ist die Beziehung zwischen mittlerer Zeit und Sternzeit gegeben, denn man hat

$$\text{ein Sterntag} = \frac{365,242204}{366,242204} \text{ mittl. Sonnentage} = 0,997270$$

mittl. Sonnentage oder

$$\text{ein Sterntag} = \text{einem mittleren Tag} - 3^m\,55,^s909 \text{ mittlere}$$

Zeit; entsprechend ist

$$\text{ein mittl. Sonnentag} = \frac{366,242204}{365,242204} \text{ Sterntage} = 1,002738$$

Sterntage oder

$$\text{ein mittlerer Sonnentag} = \text{einem Sterntag} + 3^m\,56,^s555$$

Sternzeit.

Danach ergiebt sich:

$$1^h \text{ Sternzeit} = 1^h - 9.^s83 \text{ mittlere Zeit}$$

$$1^h \text{ mittlere Zeit} = 1^h + 9.^s86 \text{ Sternzeit.}$$

Man kann nun die Aufgabe, zu einer gegebenen Sternzeit die entsprechende mittlere Zeit zu finden, oder den umgekehrten Fall nur dann lösen, wenn man schon die Sternzeit kennt, welche einem bestimmten mittleren Zeitmoment entspricht. Für letzteren nimmt man $0^h\,0^m\,0^s$ mittlere Zeit, also den Mittag als

Anfang des astronomischen mittleren Tages. Wenn man die Sternzeit im mittleren Mittag (ϑ_0) eines Ortes kennt, so kann man für diesen jede beliebige Sternzeitangabe (ϑ) in die ihr entsprechende mittlere Zeit (m) und umgekehrt verwandeln nach den Formeln:

$$m = (\vartheta - \vartheta_0)\frac{24^h - 3^m\,55.^s909}{24^h} = (\vartheta - \vartheta_0) \cdot 0{,}99727,$$

$$\vartheta = \vartheta_0 + m\,\frac{24^h + 3^m\,56.^s555}{24^h} = \vartheta_0 + m \cdot 1{,}00274.$$

Man erhält endlich noch einen dritten Wert für den Umlauf der Erde um die Sonne, wenn man statt des Frühlingspunktes das Aphelium als Punkt, bis zu welchem die Erde zurückkehren soll, ansetzt. Die Apsiden der Erdbahn rücken nämlich entgegen der Präzessionsverschiebung im Sinne der himmlischen Zeichen vor, sodafs sie also mit immer anderen Fixsternen zusammenfallen. Man nennt nun die Zeit, die zwischen zwei aufeinander folgenden Stellungen der Erde im Aphel vergeht, ein anomalistisches Jahr, das eine etwas beträchtlichere Länge als das siderische hat, nämlich (nach Hansen) eine solche von 365,259589 mittleren Sonnentagen oder 365^d $6^h\,13^m\,48{,}^s49$ mittlere Zeit.

Wir haben einen Sterntag als diejenige Zeit definiert, welche zwischen zwei aufeinander folgenden oberen Kulminationen des Frühlings-Tag- und Nachtgleichenpunktes für denselben Meridian verfliefst. Während dieser 24^h Sternzeit fällt die Meridianebene nacheinander mit allen Stundenkreisen von 0^0 bis 360^0 zusammen, oder mit anderen Worten, sie dreht sich um einen Winkel von 360^0 in 24^h also in 1^h um einen solchen von 15^0. Da man die Gröfse dieser Drehungswinkel am einfachsten aus der verflossenen Sternzeit bestimmen kann, so drückt man dieselben direkt in Zeit aus, indem man den Kreisumfang statt in 360^0 in 24^h teilt. Dieses Zeitmafs wendet man statt des Bogenmafses ausschliefslich für die Rektaszensionen und Stundenwinkel der Sterne, wie auch für die geographischen Längen an. Die Sternzeit giebt in jedem Augenblick an, wieviel Zeit seit der oberen Kulmination des Äquinoktialpunktes vergangen ist, oder die für einen Meridian geltende

Sternzeit = dem westlichen Stundenwinkel des Frühlings-Tag- und Nachtgleichenpunktes.

Entsprechend ist die an einem Orte herrschende

mittlere Zeit = dem westlichen Stundenwinkel der mittleren Sonne

wahre Zeit = dem westlichen Stundenwinkel der wahren Sonne.

Kennt man also die genaue Zeit, so kann man die auf den betreffenden Meridian bezüglichen westlichen Stundenwinkel des Frühlings-Tag- und Nachtgleichenpunktes und der mittleren und wahren Sonne sofort finden. Ein Gestirn, dessen Rektaszension $15^0 = 1^h$ beträgt, wird, da die Zählung dieser Koordinate von Westen nach Osten geht, 1^h später durch den Meridian gehen, als der Äquinoktialpunkt, ferner wird der westliche Stundenwinkel dieses Himmelskörpers stets 1^h kleiner sein als der des Frühlingspunktes, und da dieser wiederum gleich der Sternzeit ist, so folgt daraus, dafs die Sternzeit gleich der Rektaszension eines Gestirnes vermehrt um seinen westlichen Stundenwinkel sein mufs; da dieser letztere gleich Null ist, wenn das Gestirn im Meridian steht, so ist die Sternzeit gleich der Rektaszension desjenigen Sternes, welcher gerade durch den Meridian des Beobachtungsortes geht.

Die westliche geographische Länge eines Ortes besagt, um welchen Winkel sich die Erde vom Augenblick der oberen Kulmination eines Gestirnes im Nullmeridian an drehen mufs, bis dasselbe Gestirn durch den Meridian des Ortes geht. Drückt man diesen Winkel in Zeitmafs aus, so giebt die $\left\{\begin{matrix}\text{westliche}\\ \text{östliche}\end{matrix}\right\}$ Länge eines Ortes die Zeitdifferenz an, um welche die Kulmination eines Gestirnes im Meridian des Ortes $\left\{\begin{matrix}\text{später}\\ \text{früher}\end{matrix}\right\}$ erfolgt, als im Nullmeridian. Da nun aus der Kulmination der Himmelskörper die Zeit abgeleitet wird, so ist die in Stunden und deren Unterabteilungen angegebene Länge der Unterschied zwischen den in beiden Orten im gleichen Augenblick herrschenden Zeiten, seien das nun beiderseits Sternzeiten oder mittlere oder wahre Zeiten; man braucht also nur eine dieser Zeiten eines Ortes um die westliche Länge desselben zu vermehren oder um seine östliche Länge zu vermindern, um die im selben Moment im Nullmeridian herrschende entsprechende Zeit zu finden. Da z. B. Bagdad eine östliche Länge von $2^h\,57^m\,30^s$ von Greenwich hat, so zeigt, wenn es in Bagdad 6 Uhr ist, die Uhr in Greenwich erst $3^h\,2^m\,30^s$. Die für einen Ort geltende mittlere Zeit nennt man die Ortszeit im Gegensatze zur Weltzeit, unter welcher man die über die ganze Erde gleichmäfsig herrschende Ortszeit des Nullmeridians, speziell des Meridians von Greenwich versteht. In unserem obigen Beispiel ist also 6^h die Ortszeit von Bagdad, während $3^h\,2^m\,30^s$ die im gleichen Moment herrschende Weltzeit ist. Zur Verwandlung von Bogen- in Zeitmafs und umgekehrt hat man Tafeln konstruiert, deren man jedoch bei den einfachen Beziehungen, die zwischen den Gröfsen bestehen, kaum bedarf. Zur Umrechnung merke man

$$1^h = 15^0 \quad 1^m = 15' \quad 1^s = 15''$$
$$1^0 = 4^m \quad 1' = 4^s \quad 1'' = 0.^s067.$$

Vor dem Eingehen in die logarithmische Rechnung mufs man alle Winkel in Bogenmafs ausdrücken.

Der Mondlauf.

Aufser der Sonne und den Sternen ist es noch der Trabant unserer Erde, der Mond, welcher zur Abmessung von Zeiträumen dienen kann und in früheren Jahrhunderten auch thatsächlich sehr vielfach dazu benutzt wurde, während man gegenwärtig längst eingesehen hat, dafs er wegen der Unregelmäfsigkeiten seines Laufes zu einer genauen Zeitbestimmung unbrauchbar ist. Die Schwankungen, welchen derselbe unterliegt, rühren daher, dafs der Mond ein verhältnismäfsig kleiner Himmelskörper ist, dessen nächste Nachbarn im Weltenraum ihn beträchtlich an Gröfse übertreffen und somit einen erheblich störenden Einflufs auf seine Bahn ausüben; dazu kommt, dafs wir diese Störungen bei der geringen Entfernung des Mondes von unserer Erde viel leichter wahrnehmen können, als wenn sich derselbe z. B. im Abstande auch nur der nächsten Fixsterne von uns befände. Diese aufserordentliche Nähe läfst andrerseits den Mond in ungefähr der gleichen Gröfse wie die Sonne erscheinen, was wohl schon allein genügt haben würde, ihm die besondere Aufmerksamkeit der Menschen zuzuwenden, selbst wenn dieselbe nicht noch besonders erregt worden wäre durch die wechselnde Lichtgestalt, in welcher uns dieser Himmelskörper erscheint. Diese letztere ist dadurch bedingt, dafs der Mond sich um unsere Erde dreht, wodurch er in Stellungen zu dieser und zur Sonne, von der er sein Licht empfängt, kommt, welche ein anderes Gestirn nie einnehmen kann. Nachdem er einige Nächte ganz unsichtbar geblieben ist, sehen wir ihn am Westhimmel als schmale leuchtende Sichel erscheinen, die in den folgenden Abenden an Breite mehr und mehr zunimmt, bis sie zu einer halbkreisförmigen Scheibe angewachsen ist. Diese dehnt sich in sieben weiteren Nächten zu einem Vollkreise aus, um danach in der gleichen Zeit wieder zur Form des Halbkreises zurückzukehren. Doch auch diese wird schmäler und schmäler bis wir den Mond wieder als Sichel aber diesmal am Morgenhimmel sehen; bald darauf ist er in den Sonnenstrahlen unseren Blicken für einige Tage entzogen, um dann dasselbe wechselnde Spiel von neuem zu beginnen. Man nennt diese verschiedenen Lichtgestalten die Phasen des Mondes, aus denen man die vier wichtigsten durch besondere Namen heraushebt. Wenn der Mond von der Erde aus gesehen in derselben Himmelsgegend steht wie die Sonne, sich mit dieser, wie man sagt, in Konjunktion befindet, so kehrt er naturgemäfs der Erde seine unbeleuchtete Seite zu, ist also für uns nicht sichtbar; wir haben dann Neumond oder die Neomenie. Befinden sich Sonne und Mond in gerade entgegengesetzten Richtungen von der Erde, was man als Opposition bezeichnet, so kann man die von der Sonne beschienene Hälfte des Mondes auch von der Erde aus übersehen; es ist Vollmond. Die beiden Stellungen, in denen sich der Mond als halbkreisförmige Scheibe unseren Blicken darbietet, hat man mit dem Namen der Viertel oder Dichotomien belegt, die als erstes und letztes Viertel unterschieden werden, jenachdem die Lichtgestalt des Mondes im Wachsen oder im Abnehmen begriffen ist. Man fafst Neu- und Vollmond unter dem gemeinsamen Namen der Syzygien und das erste und letzte Viertel unter dem der Quadraturen zusammen.

Aufser dem raschen Wechsel seines Aussehens ist auch am

Monde die schnelle Änderung seiner Stellung am Himmel sehr auffallend. Er rückt nämlich unter den Sternen von Westen nach Osten vorwärts, also der täglichen Bewegung, an welcher er selbstverständlich teilnimmt, entgegen und zwar in einer Stunde um etwa 0.°56, sodafs also seine Rektascension innerhalb 24^h um etwa $13.^\circ5 = 54^m$ zunimmt. Daher verstreichen zwischen zwei aufeinanderfolgenden oberen Kulminationen des Mondes in demselben Meridian $24^h 50^m 28.^s32$ mittlere Zeit, welches Intervall man als einen Mondtag bezeichnet. Diese starke Bewegung des Mondes läfst denselben in etwas mehr als 27 Tagen einen vollen Umkreis durchlaufen, d. h. nach 27.32166 mittleren Tagen geht der Mond wieder mit denselben Sternen durch den Meridian; diese Zeit nennt man einen siderischen oder periodischen Monat, dessen Länge also $27^d\,7^h\,43^m\,11.^s42$ mittlere Zeit beträgt. Streng genommen müfste man nach Analogie des scheinbaren Sonnenlaufes das eben definierte Zeitintervall als siderischen Monat bezeichnen und davon den periodischen Monat als diejenige Zeit unterscheiden, welche bis zur Rückkehr des Mondes zum gleichen Punkte der Ekliptik verstreicht; bei der Kürze des Umlaufs jedoch ist die durch die Präzession hervorgerufene Verschiebung des Frühlingspunktes so gering, dafs der periodische Monat nur etwa sechs Sekunden kürzer sein würde als der siderische, weshalb man eine Trennung der beiden besser unterläfst. Setzen wir den Fall, dafs Sonne, Mond und ein Stern *A* gleichzeitig durch den Meridian eines Beobachtungsortes gingen, dafs also in dem Augenblick Neumond war, so wird nach Ablauf eines siderischen Monats der Mond wieder mit Stern *A* gleichzeitig denselben Meridian passieren, doch wird inzwischen die Sonne etwa 27° nach Osten vorgerückt sein, der Mond wird also noch mehr als zwei Tage brauchen, um wieder mit der Sonne gleichzeitig durch den Meridian zu gehen, d. h. um wieder in die Phase des Neumondes zu treten. Man nennt nun diese zwischen zwei aufeinander folgenden Neumonden verfliefsende Zeit von 29.53059 mittleren Tagen also $29^d\,12^h\,44^m\,2.^s98$ mittlerer Zeit einen synodischen Monat.

Stünde die Erde stille, so würde die Bahn des Mondes um dieselbe der der Erde um die Sonne entsprechen, d. h. sie würde eine Ellipse sein, in deren einem Brennpunkte die Erde sich befände, und zwar hätte die Ebene dieser Bahn eine Neigung von etwa 28.°6 gegen die Äquatorebene der Erde und daher eine solche von 5° 9′ gegen die Ekliptik. Durch den Lauf der Erde um die Sonne wird die Mondbahn in eine Art Schlangenlinie verwandelt, die jedoch manche Eigenschaften der Ellipse beibehält, indem sie nicht nur stets in derselben Ebene mit der obigen Neigung gegen die Ekliptik verharrt, sondern auch den Mond bald in gröſsere bald in geringere Entfernung von der Erde bringt. Dabei bleibt auch die weitere Analogie zwischen Erd- und Mondbahn bestehen, daſs sich der Mond am langsamsten bewegt, wenn er der Erde am fernsten ist, und am schnellsten, wenn er ihr am nächsten steht. Man spricht daher — wie bei der Erde von einer Sonnennähe und -ferne — beim Monde von seiner Erdnähe oder dem Perigeum und von seiner Erdferne oder dem Apogeum. Der Mond durchschneidet bei jedem Umlauf die Ebene der Ekliptik zweimal, indem er einmal von der südlichen Seite derselben auf die nördliche übertritt, das andere Mal sich in entgegengesetzter Richtung bewegt. Diese beiden Schnittpunkte der Mondbahn mit der Ebene der Ekliptik heiſsen die Knoten und zwar der erstere der aufsteigende, der letztere der absteigende. Man hat für dieselben bestimmte Zeichen eingeführt, während die auf einer alten Sage beruhenden Namen nicht mehr gebräuchlich sind; für den aufsteigenden Knoten benutzt man das Zeichen ☊ und der alte Name ist Drachenkopf, der absteigende hat das Zeichen ☋ und den Namen Drachenschwanz. Diese vier Hauptpunkte der Mondbahn liegen nicht unveränderlich fest, sondern die Knoten rücken im Sinne der täglichen Bewegung, also von Osten nach Westen vor und vollenden in etwa 18.6 tropischen Jahren (genauer in $6798^d\,8^h\,3^m\,9.^s79$ mittlerer Zeit) einen Umlauf, während sich Apogeum und Perigeum in entgegengesetzter Richtung bewegen und nach ungefähr 8.85 tropischen Jahren (genauer nach $3231^d\,11^h\,11^m\,22.^s27$ mittlerer Zeit) in ihre ursprüngliche Lage zurückgekehrt sind. Daher werden die Zeiten, die zwischen zwei aufeinander folgenden Durchgängen des Mondes durch den aufsteigenden Knoten oder durch das Apogeum verstreichen, verschieden sein von der Länge eines siderischen Monats, und zwar wird der Mond, da sich die

Knoten ihm entgegen bewegen, schon nach 27.21222 mittleren Tagen wieder zu dem nämlichen zurückgekehrt sein, welches Intervall von $27^{d}\,5^{h}\,5^{m}\,35.^{s}81$ mittlerer Zeit man als *Drachen-* oder *drakonitischen Monat* bezeichnet. Da das Apogeum in gleicher Richtung wie der Mond fortschreitet, so braucht letzterer mehr als einen siderischen Monat, nämlich 27.55460 mittlere Tage $= 27^{d}\,13^{h}\,18^{m}\,37.^{s}44$ mittlere Zeit, um dasselbe wieder einzuholen. Die zwischen zwei aufeinander folgenden Durchgängen des Mondes durch das Apogeum oder das Perigeum verflieſsende Zeit nennt man einen *anomalistischen Monat*.

Alle die hier angeführten Zahlen sind als Mittelwerte zu betrachten, denn bei der groſsen Unregelmäſsigkeit des Mondlaufes sind die Monatslängen, die Neigung der Mondbahn u. s. w. beständigen Schwankungen unterworfen, welche bei der letzteren z. B. bis 9 Bogenminuten betragen können. Die starke Neigung der Bahnlinie des Mondes im Verein mit seiner schnellen Bewegung bewirkt übrigens eine ständige und beträchtliche Änderung seiner Deklination und zwar variiert dieselbe während eines Umlaufs durchschnittlich um $57^{0}\,12'$.

Von den verschiedenen Monaten läſst sich nur Anfang und Ende der synodischen einigermaſsen leicht beobachten, und daher sind sie es, die früher vielfach zur Zeitrechnung benutzt wurden, und von denen sich unsere heutige Einteilung des Jahres in 12 Monate ursprünglich herschreibt. Da übrigens auch das Eintreten des Neumondes nicht direkt beobachtet werden kann, so war es im Altertum Gebrauch, den synodischen Monat vom ersten Sichtbarwerden der Mondsichel ab zu zählen, was bei klarem Himmel aber sonst verschiedenen Umständen 1 bis 3 Tage nach dem Neumonde erst eintreten kann. Schlieſslich sei noch die schon lange bekannte Beziehung erwähnt, die zwischen Jahren und Monaten besteht, daſs nämlich 19 tropische Jahre nahezu gleich 235 synodischen Monaten sind, denn erstere umfassen 6939.6016 mittlere Tage, letztere deren 6939.6889, sodaſs also 235 synodische Monate nur $2^{h}\,5^{m}\,42.^{s}72$ mittlere Zeit länger dauern als 19 tropische Jahre. Man nennt diese Relation den *Metonischen Mondcyklus*, weil der Athener Meton seinen 432 v. Chr. eingeführten Kalender darauf stützte; die Sache selbst war höchstwahrscheinlich schon vorher bekannt. In unserem jetzigen Kalender giebt die sogenannte goldene Zahl an, das wievielte im 19jährigen Mondcyklus das gerade laufende ist. —

Die Finsternisse.

In dem regelmäſsigen Wechsel der Mondphasen tritt gelegentlich dadurch eine Störung ein, daſs ein von einem Kreisbogen begrenzter Schatten von Osten her langsam auf der Scheibe vorrückt und diese entweder teilweise oder in manchen Fällen ganz bedeckt, um nach einiger Zeit wieder allmählich sich zurückzuziehen und endlich ganz zu verschwinden. Man nennt diese Erscheinung eine Mondfinsternis und bezeichnet dieselbe als partiell, wenn nur ein Teil des Mondes verdunkelt, als total, wenn derselbe ganz von dem Schatten überzogen wird. Der Grund dieses Phänomens ist darin zu suchen, daſs der Mond den von der Sonne geworfenen Schatten der Erde auf seiner Bahn passiert. Da dies selbstverständlich nur stattfinden kann, wenn Sonne und Mond auf entgegengesetzten Seite der Erde stehen, so treten also Mondfinsternisse nur bei Vollmond ein. Da nun die Mittellinie des Erdschattens naturgemäſs in der Ebene der Ekliptik liegt, die Mondbahn jedoch nicht in dieser verläuft, so muſs, wenn eine Finsternis möglich sein soll, noch die Bedingung erfüllt sein, daſs der Mond in oder sehr nahe bei der Ebene der Ekliptik sich befindet. Hieraus erklärt sich auch der Name der letzteren, denn Ekliptik heiſst nichts weiter als Bahn der Finsternisse. Je näher der Mittelpunkt des Vollmondes der Ebene der Ekliptik kommt, desto länger wird die Finsternis währen und ein desto gröſserer Teil des Mondes wird verfinstert erscheinen. Die längste Dauer einer Mondfinsternis, nämlich nahezu vier Stunden, tritt dann ein, wenn die Verbindung der Mittelpunkte von Sonne, Erde und Mond eine gerade Linie bildet; die Finsternis ist dann eine sogenannte centrale. Während der Totalität einer Finsternis erscheint übrigens der Mond in einem graurötlichem Lichte, welches wahrscheinlich durch eine eigentümliche Brechung der Sonnenstrahlen in der Erdatmosphäre entsteht und mit dem Standorte des Beobachters auf der Erde etwas wechselt. Ein völliges Unsichtbarwerden des Mondes ist nur in ganz vereinzelten Fällen beobachtet.

Ebenso wie die Erde zuweilen ihren Schatten auf den Mond wirft, so kann es sich auch ereignen, dafs der des Mondes gelegentlich auf die Erde fällt, wenn nämlich ersterer auf seinem Laufe zwischen Sonne und Erde zu stehen kommt. Man müfste dann der Analogie halber von einer Erdfinsternis reden; da sich jedoch das beschriebene Phänomen unseren Augen in der Weise darstellt, dafs ein dunkler kreisförmiger Körper die Sonnenscheibe ganz oder teilweise unseren Blicken entzieht, so bezeichnet man dasselbe als Sonnenfinsternis. Das Eintreten einer solchen ist zur Zeit des Neumondes an ganz dieselben Bedingungen geknüpft, wie das einer Mondfinsternis beim Eintreten des Vollmondes. Dagegen ergiebt sich ein erheblicher Unterschied zwischen beiden Arten von Finsternissen dadurch, dafs durch die Kleinheit des Mondes im Vergleich zur Erde und seine geringe Entfernung von derselben, bei einer Mondfinsternis stets ein mehr oder weniger erheblicher Teil des Mondes durch den Erdschatten verdunkelt wird, während der Mondschatten auf der Erde stets nur einen je nach dem Abstand des Mondes von der Erdoberfläche mehr oder minder schmalen Streifen zu durchlaufen vermag, dessen gröfste Breite etwa 220 Kilometer betragen kann. Daraus folgt sofort, dafs eine Sonnenfinsternis nicht von allen Punkten der der Sonne zugewendeten Erdhälfte aus sichtbar ist, sondern nur für einen Teil derselben, und da ferner für jeden von den letzteren die Richtungslinien nach dem Sonnen- und Mondmittelpunkte verschiedene Lagen zu einander haben werden, so ist dadurch direkt einleuchtend, dafs eine Sonnenfinsternis für alle Erdorte, von denen aus sie überhaupt sichtbar ist, zu verschiedenen Zeiten und in wechselnden Gröfsen auftreten wird. Bei den Mondfinsternissen verhält es sich damit gerade umgekehrt, denn da bei diesen ein thatsächliches Hinweglaufen eines Schattens über die Mondoberfläche stattfindet, so treten dieselben für alle Orte der dem Vollmonde zugewendeten Erdhälfte zur gleichen Zeit und in derselben Gröfse ein.

Die Art und Dauer einer Sonnenfinsternis hängt von den scheinbaren Durchmessern von Sonne und Mond ab, denn da letztere beiden Gestirne in immer wechselnder Entfernung von der Erde sich befinden, so werden sie unserem Auge sich in stets ändernder Gröfse darstellen. Der Winkel, unter welchem der Sonnendurchmesser uns erscheint, kann ungefähr zwischen 31′ 30″.0 und 32′ 34″.6 schwanken, während die entsprechenden Grenzen beim Monde 29′ 30″.0 und 32′ 35″.2 betragen; letzterer also vermag sowohl kleiner als die Sonne bei geringstem Durchmesser sowie gröſser, als wenn dieselbe ihre gröſste Ausdehnung hat, zu erscheinen. Es kann daher vorkommen, daſs der Mond so klein ist, oder richtiger gesprochen, soweit von der Erdoberfläche absteht, daſs die Spitze seines Schattenkegels dieselbe nicht mehr berührt; es findet dann eine ringförmige Sonnenfinsternis statt, indem der Mond für die Erdbewohner die Sonne nicht ganz zu verdecken vermag, sondern während der Mitte der Finsternis als schwarze kreisförmige Scheibe, welche einen sie umschlieſsenden Ring von der Sonnenoberfläche noch freiläſst, erscheint. Für diejenigen Erdorte, von welchen aus dieser Ring als überall gleich breit gesehen wird, d. h. also, für welche Sonne und Mond als konzentrische Kreise erscheinen, nennt man die Finsternis ringförmig central, eine solche ist für andere Punkte auf der Erde einfach ringförmig; dagegen braucht es bei einer ringförmigen Finsternis nicht jedesmal Orte auf der Erde zu geben, für welche sie auch eine centrale ist. Wenn der Mondschatten die Erdoberfläche mit seiner Spitze eben berührt, so wird an den Stellen, in welchen das der Reihe nach geschieht, der Mond die Sonne gerade ganz verdecken, aber nur für einen Moment; man spricht dann von einer totalen Sonnenfinsternis ohne Dauer, eine solche ist notwendig dann auch eine centrale. Ist der scheinbare Durchmesser des Mondes gröſser als der der Sonne, so tritt für diejenigen Punkte, welche der Mondschatten auf der Erdoberfläche überstreicht, eine totale Sonnenfinsternis ein, welche für alle Orte, von welchen aus gesehen die Mittelpunkte von Sonne und Mond zusammenfallen, noch auſserdem als centrale bezeichnet wird; doch braucht es nicht bei jeder totalen Finsternis derartige Orte zu geben. Sowohl bei den ringförmigen wie totalen Sonnenfinsternissen kann also Centralität nur für diejenigen Erdorte eintreten, welche während der Finsternis mit Sonnen- und Mondmittelpunkt sich auf einer geraden Linie befinden, eine Lage die bei den totalen Finsternissen ohne Dauer immer statt hat.

Alle diese hier aufgezählten verschiedenen Arten von Sonnenfinsternissen treten als solche, wie bereits oben erwähnt, nur für einen schmalen Streifen auf der Erdoberfläche ein. Dieser Streifen heifst die Zone der Totalität bezw. Ringförmigkeit; dieselbe schrumpft bei einer totalen Sonnenfinsternis ohne Dauer auf eine einfache Linie zusammen. Für alle in solcher Zone liegenden Erdorte währt die betreffende Finsternis nur ganz kurze Zeit, die gröfste Dauer der Totalität z. B. kann nur 5—6 Minuten betragen. Da aber der Mond nicht plötzlich vor die Sonne tritt und sie nicht ebenso verläfst, sondern sich langsam darüber schiebt, so wird vor und nach jeder totalen oder ringförmigen Sonnenfinsternis, eine partielle stattfinden, die von viel längerer Dauer ist. Eine solche teilweise Verfinsterung der Sonne wird auch für alle die Orte eintreten, welche in der Umgebung der Zone der Totalität oder Ringförmigkeit liegen, und zwar wird dieselbe um so gröfser sein, je näher man sich an der Zone befindet. Entfernt man sich kontinuierlich von ihr, so wird das vom Monde verdeckte Stück der Sonne immer kleiner und kleiner, bis man zu Punkten kommt, von welchen aus man nur noch eben eine schwache Einbuchtung am Sonnenrande erkennen kann. Dieselben bilden fortlaufende Kurven, welche man die Grenzen der Sichtbarkeit nennt; für alle Erdorte, welche aufserhalb derselben liegen, tritt die Sonnenfinsternis überhaupt nicht ein. Mit jeder ringförmigen oder totalen Sonnenfinsternis ist also notwendig für weite Gebiete auch eine partielle verbunden, während nicht umgekehrt für jede partielle Sonnenfinsternis eine Zone der Totalität oder Ringförmigkeit auf der Erdoberfläche zu existieren braucht; diese Zone kann gelegentlich auch aufserhalb der Erde verlaufen; in diesem Falle bezeichnet man die ganze Sonnenfinsternis nur als eine partielle.

Um sich bei einer partiellen Sonnen- oder Mondfinsternis, wenn dieselbe ihre stärkste Ausdehnung erlangt hat, einen Begriff von der Gröfse des verdeckten Teiles der Sonne oder des Mondes machen zu können, denkt man sich den Durchmesser dieser Gestirne in 12 Zoll oder digiti geteilt und giebt danach die Länge des verdunkelten Stückes desjenigen Durchmessers an, welcher durch den am weitesten in die Scheibe hineingerückten Punkt des verdunkelnden Objektes geht. Bei einer Finsternis von 8 Zoll würden also $^{8}/_{12} = ^{2}/_{3}$ von dem eben bezeichneten Durchmesser im Dunkel liegen. Im Altertum drückten viele Astronomen die Gröſse der verfinsterten Oberfläche statt des Durchmessers in digiti aus, sodaſs bei den meisten derselben eine Finsternis von 8 digiti eine solche sein würde, bei welcher $^{8}/_{12} = ^{2}/_{3}$ der Oberfläche des Mondes oder der Sonne verfinstert waren. Da die heutigen Berechnungsmethoden von Finsternissen für frühere Jahrhunderte die Gröſse derselben stets in Zollen auf den Durchmesser bezogen angeben, so mag hier zur bequemeren Vergleichung mit den Aufzeichnungen alter Astronomen, welche die Gröſse der verfinsterten Oberfläche in digiti (12 digiti = totale Finsternis) ausdrücken, die nachfolgende Tabelle Platz finden, welche direkt anzeigt, wieviel digiti von der ganzen 12 digiti umfassenden Vollscheibe verfinstert sind, wenn bei der gröſsten Ausdehnung der Finsternis 1, 2, 3 .... Zoll des 12 Zoll langen Durchmessers des beschatteten Körpers im Dunkeln liegen. Da die Tafel auf der nur in vereinzelten Fällen richtigen Annahme beruht, daſs die Durchmesser des verdunkelten und des verdunkelnden Körpers gleich sind, so sind die aufgeführten Werte nicht immer ganz genau, jedoch immerhin für die oft wenig strengen Angaben alter Astronomen ausreichend.

Durchmesser 12 Zoll	Oberfläche 12 digiti	Durchmesser 12 Zoll	Oberfläche 12 digiti
1 Zoll	0.4 digiti	7 Zoll	5.8 digiti
2 „	1.0 „	8 „	7.0 „
3 „	1.7 „	9 „	8.2 „
4 „	2.6 „	10 „	9.5 „
5 „	3.6 „	11 „	10.8 „
6 „	4.7 „	12 „	12.0 „

Da die Fläche, welche der Mond passieren muſs, wenn eine Mondfinsternis eintreten soll, kleiner ist als die, welche er ganz oder teilweise zu durchlaufen hat, um eine Sonnenfinsternis zu erzeugen, so sind im allgemeinen die Finsternisse am Monde seltener als die an der Sonne; jedoch da andererseits letztere stets nur auf einem kleineren Stück der Erdoberfläche zu sehen sind als erstere, so werden beide Arten von Finsternissen ungefähr gleich häufig für einen Erdort eintreten. Auf der ganzen Erde können in einem Jahre höchstens sieben Finsternisse stattfinden, von denen dann fünf Sonnen- und zwei Mondfinsternisse sind.

Da Finsternisse nur dann möglich sind, wenn der Voll- oder Neumond nahe bei oder in die Knoten der Mondbahn fällt, so ist es hauptsächlich das Verhältnis der synodischen zu den drakonitischen Monaten, welches die Finsternisse in ihrer Gröfse und Reihenfolge bestimmt. Nun sind aber 223 synodische Monate nur $51^{m} 21.^{s}89$ kleiner als 242 drakonitische und gleich 18 tropischen Jahren und 11 Tagen, folglich werden nach Ablauf dieser Zeit die Sonnen- und Mondfinsternisse sehr nahezu in derselben Stärke und Ordnung wieder auftreten. Diese Periode von 18 Jahren und 11 Tagen heifst der Saros oder die chaldäische Periode, weil dieselbe schon den alten Chaldäern, ja wahrscheinlich den meisten alten Völkern bekannt und das einzige Mittel für sie war, um Finsternisse im Voraus angeben zu können.

Die täglichen und jährlichen Auf- und Untergänge der Gestirne.

Wir haben in dem Abschnitt: „Beziehungen der verschiedenen Gestirnskoordinaten untereinander und zum Beobachtungsort“ auf Seite 15 gesehen, dafs sich alle Sterne scheinbar in Kreisen bewegen, die dem Äquator parallel sind und von der Ebene des Horizontes in zwei Teile zerlegt werden. Aus der ersteren Eigenschaft folgt, dafs sie den Horizontkreis unter dem gleichen Winkel wie der Äquator schneiden, und dieser Winkel ist, wie früher ebenfalls schon dargelegt wurde, die Ergänzung der geographischen Breite zu 90^{0}, die sogenannte Äquatorhöhe. Von den zwei Teilen, in welche der Horizont einen solchen von einem Stern durchlaufenen Kreis trennt, liegt der eine oberhalb der Horizontebene, also in der für den Beobachter sichtbaren Hälfte der Himmelskugel, der andere unterhalb derselben ist dem Beobachter durch den Erdkörper verdeckt; der erstere heifst der Tagbogen, der letztere der Nachtbogen, beide ergänzen sich also zu einem Vollkreise. Der Himmelsäquator, der den Horizont im Ost- und Westpunkte schneidet, wird von demselben genau halbiert, sodafs also für einen im Äquator stehenden Stern der Tag- gleich dem Nachtbogen und jeder gleich 180° oder 12^h ist. Nähert man sich vom Äquator dem vom Beobachtungsort aus sichtbaren Weltpol, so wird man zu Sternen kommen, bei denen die Tagbögen immer gröfser und gröfser werden, die Nachtbögen dagegen immer mehr und mehr abnehmen, bis man schliefslich zu einem Stern gelangt, dessen Tagbogen gleich einem Vollkreise und dessen Nachtbogen in einen Punkt zusammengeschrumpft ist; der von diesem am Himmel beschriebene Parallelkreis berührt also gerade noch den Horizont; die Deklination dieses Sternes ist gleich der Äquatorhöhe und hat das gleiche Vorzeichen wie die geographische Breite. Bei Sternen, die dem sichtbaren Weltpole noch näher stehen, kann man einen Tag- und Nachtbogen nicht mehr unterscheiden, denn ihr gesamter scheinbarer Lauf am Himmel vollzieht sich oberhalb des Horizontes, es sind dies die schon früher erwähnten Circumpolarsterne. Geht man vom Himmelsäquator in umgekehrter Richtung, also gegen den für den Beobachter unsichtbaren Himmelspol vor, so trifft man auf Sterne, die immer kleinere und kleinere Tagbögen haben, während die Nachtbögen im entsprechenden Mafse wachsen, bis man endlich einen Stern erreicht, dessen Nachtbogen sich zum Vollkreis ausgedehnt hat, sodafs jener den Horizont nur noch in einem Punkte berührt, ohne sich über denselben zu erheben; die Deklination dieses Sternes ist wiederum gleich der Äquatorhöhe, jedoch mit dem entgegengesetzten Vorzeichen wie die geographische Breite. Alle Sterne, deren Deklinationen gröfser sind als die Äquatorhöhe und das umgekehrte Vorzeichen wie die geographische Breite haben, vollenden ihren scheinbaren Umlauf ganz unter dem Horizont, werden also dem Beobachter nie sichtbar. Man nennt nun das Übergehen eines Sternes von seinem Nacht- auf seinen Tagbogen, d. h. sein Eintreten aus der unsichtbaren Hälfte der Hohlkugel, als welche uns der Himmel erscheint, in die sichtbare den Aufgang, die entsprechende umgekehrte Bewegung, also sein Hinabsinken unter den Horizont, den Untergang des Sternes für den betreffenden Beobachtungsort, und da jeder dieser Vorgänge sich regelmäfsig alle Tage wiederholt, so bezeichnet man dieselben als tägliche. Diese täglichen Auf- und Untergänge können also nach den obigen Auseinandersetzungen an einem bestimmten Erdort nur für diejenigen Gestirne stattfinden, deren nördliche oder südliche Deklination nicht gröfser als die Äquatorhöhe des Ortes ist, während alle die Sterne, deren Distanz vom sichtbaren Weltpol kleiner ist als die Polhöhe niemals untergehen, wohingegen alle jene, bei denen der Abstand vom unsichtbaren Himmelspol kleiner als die geographische Breite ist, niemals aufgehen können. Der Tagbogen wird durch die obere, der Nachtbogen durch die untere Kulmination halbiert, sodafs die Kenntnis des halben Tagbogens genügt, um die übrigen Teile und auch die Sternzeiten des Auf- und Unterganges zu bestimmen, denn da die Sternzeit im Moment der oberen Kulmination gleich der Rektascension des Sternes ist, so erhält man durch $\left\{\begin{matrix}\text{Addition}\\ \text{Subtraktion}\end{matrix}\right\}$ des in Zeitmafs ausgedrückten halben Tagbogens $\left\{\begin{matrix}\text{zu}\\ \text{von}\end{matrix}\right\}$ der Rektascension des Sternes die Sternzeit seines $\left\{\begin{matrix}\text{Unter-}\\ \text{Auf-}\end{matrix}\right\}$ganges.

Fragt man nun nach den Punkten am Horizont, in welchen ein Stern auf- und untergeht, so genügt folgende Überlegung. Ein im Himmelsäquator befindliches Gestirn wird genau im Ostpunkte auf- und im Westpunkte untergehen, da in diesen beiden Punkten der Äquator den Horizont schneidet. Die Tagbögen aller übrigen Sterne laufen dem Äquator parallel und treffen daher den Horizont jeder in zwei Punkten, von denen der eine ebenso weit vom Ostpunkte absteht, wie der andere vom Westpunkte. Diesen Abstand vom Ost- bez. Westpunkt nennt man die Morgen- bez. Abendweite des Sternes; dieselben erstrecken sich von den genannten Orten aus am Horizont gegen den Nordpunkt hin, wenn der Stern eine nördliche, gegen den Südpunkt zu, wenn er eine südliche Deklination hat. Erwähnt sei noch, dafs bei der Sphaera recta, d. h. für alle unter dem Äquator liegenden Erdorte, sämtliche Sterne auf- und untergehen, bei jedem Tag- und Nachtbogen gleich lang sind und auf dem Horizont senkrecht stehen. Bei der Sphaera parallela, d. h. an den Polen der Erde, gehen die sichtbaren Sterne überhaupt nicht auf und unter, da sie sich ja scheinbar in Kreisen parallel zum Horizont bewegen.

Wir haben gesehen, daſs die Gröſse des halben Tagbogens, der Morgen- und Abendweite, sowie die Sternzeiten des Auf- und Unterganges hauptsächlich von der Deklination und Rektascension des Gestirnes abhängen; solange sich daher letztere nicht wesentlich ändern, bleiben auch erstere die gleichen. Bei den Fixsternen wird dies für längere Zeit der Fall sein, wogegen man den Auf- oder Untergang der Sonne, des Mondes eines Planeten oder Kometen für jeden Tag neu bestimmen muſs. Streng genommen, müſste man bei der Berechnung die für die Zeiten des Auf- oder Unterganges gültigen Koordinaten der Wandelsterne verwenden, da man aber diese Zeitangaben ja gerade erst ermitteln will, so wird es in den meisten Fällen genügen, wenn man die für die obere Kulmination geltenden Werte von Deklination und Rektascension heranzieht, wie man dieselben aus den astronomischen Tafeln findet. Nur bei dem Monde darf man sich mit einer solchen Annäherung nicht begnügen, da die Unregelmäſsigkeiten im Laufe desselben derartige sind, daſs die tägliche Verspätung seines Auf- und Unterganges zwischen 15^m und $1^h\,30^m$ schwanken kann.

Im allgemeinen treten also die täglichen Auf- und Untergänge der Fixsterne für längere Zeiträume zu den gleichen Sternzeiten ein, da nun aber die Sternzeit gegen die mittlere Zeit innerhalb 24 Stunden rund $3^m\,56^s$ voreilt, so findet der tägliche Auf- und Untergang eines Sternes nach mittlerer Zeit berechnet jedesmal $3^m\,56^s$ früher statt als am Tage vorher, mithin durchlaufen innerhalb eines Jahres die mittleren Auf- und Untergangszeiten volle 24 Stunden. Infolge dessen wird der tägliche Auf- oder Untergang eines Sternes für einen bestimmten Erdort zu gewissen Jahreszeiten erfolgen, während sich die Sonne über dem Horizont des letzteren befindet, zu anderen, wenn die Sonne unter demselben steht. Dazwischen wird es sich ereignen, daſs der Stern gleichzeitig mit der Sonne auf- und untergeht, oder daſs sein Aufgang mit dem Sonnenuntergang zusammenfällt und umgekehrt. Jeder dieser vier auf diese Weise ausgezeichneten Auf- und Untergänge eines Sternes wird sich im Laufe eines Jahres nur einmal ereignen können, weshalb man dieselben die *jährlichen* nennt. Man unterscheidet von diesen zunächst wieder zwei Arten, indem man diejenigen Stellungen des Sternes im Ost- und Westhorizont des Beobachtungsortes, welche er einnimmt, wenn die Sonne gerade im Osthorizont steht (also aufgeht), als seinen wahren kosmischen Auf- und Untergang bezeichnet, während die entsprechenden Positionen im Augenblick des Sonnenunterganges die wahren akronychischen Auf- und Untergänge heifsen.

Was das Beobachten dieser wahren kosmischen und akronychischen Auf- und Untergänge betrifft, so wird dasselbe, auch wenn der Beobachtungsort so günstig liegt, dafs man den Kreis, in welchem die Ebene des Horizontes das scheinbare Himmelsgewölbe trifft, ganz überblicken kann, selbst bei den hellsten Fixsternen für ein unbewaffnetes Auge unmöglich sein, weil die Helligkeit der gerade auf- oder untergehenden Sonne die des Sternes überstrahlt. Da es sich aber bei derartigen Beobachtungen fast ausschliefslich um solche mit blofsem Auge handelt, so kann man im allgemeinen sagen, dafs die Beobachtung der wahren kosmischen und akronychischen Auf- und Untergänge der Fixsterne nicht möglich ist, und dafs es sich, wenn man derartige Beobachtungen im Altertume aufgezeichnet findet, dabei um andere Phänomene handeln mufs. In der That beziehen sich die hierher gehörenden Beobachtungen der Alten auf etwas andere als die eben besprochenen, nämlich auf die folgenden Erscheinungen. In den Tagen nach dem wahren kosmischen Auf- oder Untergange eines Sternes wird derselbe den Horizont immer früher vor Sonnenaufgang erreichen, und daher wird nach einiger Zeit sein Durchgang durch den Horizont — sei das nun in aufsteigender oder absteigender Richtung — soviel vor Sonnenaufgang erfolgen, dafs das Licht der Sonne noch nicht mächtig genug ist, das des Sternes zu überstrahlen, man wird letzteren in der Morgendämmerung gerade schon auf- oder untergehen sehen. Ganz entsprechend wird einige Zeit vor dem akronychischen Auf- oder Untergange eines Sternes der tägliche Auf- oder Untergang desselben in der Abenddämmerung zu sehen sein. Da derselbe jedoch bei jeder Wiederholung früher erfolgt, so wird an einem Tage beim Auf- oder Untergange des Sternes die Sonne erst soweit unter den Horizont gesunken sein, dafs ihr Licht das des Sternes gerade noch nicht zu überstrahlen vermag, während sie es am folgenden

Tage bereits thun wird, sodaſs dann der Auf- oder Untergang des Sternes in der Abenddämmerung nicht mehr mit bloſsem Auge zu verfolgen ist. Von diesen so zu stande kommenden vier neuen Arten der Auf- und Untergänge, die man ebenfalls mit zu den jährlichen rechnet, heiſst der erste in der Morgendämmerung wieder beobachtbare Aufgang eines Sternes, oder sein erstes Auftauchen aus den Sonnenstrahlen nach seiner Konjunktion mit der Sonne der heliakische Aufgang desselben, während sein letzter beobachtbarer Untergang in der Abenddämmerung, also das völlige Verschwinden in den Sonnenstrahlen, der heliakische Untergang desselben genannt wird. Da die täglichen Aufgänge eines Sternes immer früher und früher erfolgen, so werden dieselben nach dem heliakischen Aufgange allmählich alle Nachtstunden durchlaufen, bis schlieſslich die Aufgänge in der Abenddämmerung erfolgen; der letzte hier noch gerade sichtbare heiſst der scheinbare akronychische Aufgang. Ganz in entsprechender Weise geht ein Stern nach seinem heliakischen Aufgange zu immer früherer Tagesstunde unter, welche Untergänge sämtlich mit bloſsem Auge nicht zu sehen sind, bis endlich die Untergänge in der Morgendämmerung wieder beobachtet werden; der erste in der Morgendämmerung sichtbare Untergang wird als scheinbarer kosmischer Untergang bezeichnet.

Man unterscheidet also im ganzen bei den jährlichen oder — wie sie wegen der häufigen Erwähnung bei den alten Dichtern auch heiſsen — den poetischen Auf- und Untergängen acht verschiedene Arten, die sich wiederum in zwei Gruppen zu je vier so teilen, daſs zu der einen die mit bloſsem Auge beobachtbaren, zu der anderen die wegen der Tageshelle nicht sichtbaren gehören.

In übersichtlicher Zusammenstellung sind es die folgenden:

A. Mit bloſsem Auge nicht wahrnehmbar:

1. Der wahre kosmische Aufgang: Stern und Sonne gehen gleichzeitig auf.
2. Der wahre kosmische Untergang: der Stern geht bei Sonnenaufgang unter.

3. Der wahre akronychische Aufgang: der Stern geht bei Sonnenuntergang auf.
4. Der wahre akronychische Untergang: Stern und Sonne gehen gleichzeitig unter.

B. Mit blofsem Auge wahrnehmbar:

5. Der heliakische Aufgang: der erste sichtbare Aufgang des Sternes in der Morgendämmerung.
6. Der heliakische Untergang: der letzte sichtbare Untergang des Sternes in der Abenddämmerung.
7. Der scheinbare akronychische Aufgang: der letzte sichtbare Aufgang des Sternes in der Abenddämmerung.
8. Der scheinbare kosmische Untergang: der erste sichtbare Untergang des Sternes in der Morgendämmerung.

Für die Nummern 5 bis 8 hat Ideler die deutschen Namen: Frühaufgang, Spätuntergang, Spätaufgang und Frühuntergang vorgeschlagen, während er für die unter 1 bis 4 aufgeführten Phänomene dieselben Namen unter Vorsetzung des Beiwortes „wahrer" gebraucht wissen will. Im 11. Kapitel der von Geminus verfafsten Einleitung zum Gedicht des Aratus (*ΓΕΜΙΝΟΥ ΕΙΣΑΓΩΓΗ ΕΙΣ ΤΑ ΦΑΙΝΟΜΕΝΑ**) werden folgende Bezeichnungen angegeben: Für

Nr. 1 *ἐπιτολὴ ἑῴα ἀληθινή.*
Nr. 4 *δύσις ἑσπερία ἀληθινή.*
Nr. 5 *ἐπιτολὴ ἑῴα φαινομένη.*
Nr. 6 *δύσις ἑσπερία φαινομένη.*
Nr. 7 *ἐπιτολὴ ἑσπερία φαινομένη.*
Nr. 8 *δύσις ἑῴα φαινομένη.*

Wenn hier die Beobachtbarkeit der vier letzten Erscheinungen behauptet wird, so geschieht das selbstverständlich unter stillschweigender Annahme einer günstigen Position des Beobachters, d. h. dafs derselbe von seinem Standpunkte aus den Kreis, in welchem die im Beobachtungsort an die Erdkugel gelegte Tangentialebene das scheinbare Himmelsgewölbe trifft,

*) Vgl.: Halma, Chronologie de Ptolémée. Seconde partie, Paris 1819.

übersehen kann. Aber selbst wenn man unter strenger Einhaltung dieser Bedingung an verschiedenen Orten, die aber alle die gleiche geographische Breite hätten, das Eintreten einer der oben unter 5 bis 8 aufgeführten Erscheinungen durch direkte Beobachtung bestimmen lassen wollte, so würde man wahrscheinlich so viel Werte dafür erhalten, als Beobachter aufgestellt waren, da einmal die Durchsichtigkeit der Luft an den verschiedenen Stationen nicht die gleiche gewesen wäre, andererseits auch die Augen der Beobachter nicht die nämliche Schärfe gehabt hätten, sodaſs z. B. ein Beobachter, der durch groſse Klarheit der Luft und Schärfe der Augen begünstigt war, den heliakischen Aufgang einen bis zwei Tage früher notiert hätte, als einer, dem diese Vorteile nicht zur Verfügung standen. Der letztere brauchte also eine gröſsere Dunkelheit am Himmel, um den Stern wahrzunehmen, als der erstere, d. h. für jenen muſste bei der Beobachtung die Sonne tiefer unter dem Horizont stehen, als für diesen. Die Gröſse in Winkelmaſs ausgedrückt, um welche die Sonne bei Eintritt einer der vier in Rede stehenden Erscheinungen senkrecht unter dem Horizont sich befindet, heiſst der arcus visionis oder der Sehungsbogen, und derselbe ist nicht nur von der Helligkeit des zu beobachtenden Sternes und dem Umstande, ob Stern und Sonne auf gleicher oder verschiedener Seite (östlicher und westlicher) des Horizontes stehen, abhängig, sondern der Betrag für den Sehungsbogen kann auch — wie oben dargelegt — mit der Durchsichtigkeit der Luft und der Sehschärfe des Beobachters variieren. Wenn es sich nun darum handelt, jährliche Auf- und Untergänge für Zukunft und Vergangenheit zu berechnen, so kann man selbstverständlich auf den Einfluſs, den Luftzustand und Beobachter auf die Gröſse des Sehungsbogens haben, keine Rücksicht nehmen, sondern muſs sich damit begnügen, Mittelwerte des Sehungsbogens für die verschieden hellen Sterne und deren Stellungen zur Sonne in die Rechnung einzuführen, wie sich solche aus den Beobachtungen der Alten in guter Übereinstimmung mit einigen neueren Bestimmungen ergeben. Die folgende Tafel enthält die betreffenden Werte des Sehungsbogens, welchen wir stets mit dem griechischen Buchstaben β bezeichnen wollen, für die Sterne der vier obersten Helligkeits- oder Gröſsenklassen und für die beiden Fälle, dafs Stern und Sonne sich am gleichen (d. h. östlichen oder westlichen) Horizont befinden, wie das beim heliakischen Auf- und Untergange der Fall ist, oder dafs beide an entgegengesetzten Punkten des Horizontes stehen, wie das beim scheinbaren akronychischen Auf- und kosmischen Untergange eintritt; es ist ohne weiteres klar, dafs in ersterem Falle die Sonne tiefer unter dem Horizont stehen mufs, als in letzterem, wenn der Stern noch sichtbar sein soll.

Tafel der Werte des Sehungsbogens (β)
für

Sterne der	scheinbaren akronychischen Auf- und kosmischen Untergang.	heliakischen Auf- und Untergang.
1. Gröfsenklasse	7°	11°
2. " "	8,5	14
3. " "	10	16
4. " "	14	17

Die jährlichen Auf- und Untergänge eines Gestirns würden Jahr für Jahr zu den nämlichen Tagen und Stunden eintreten, wenn nicht ganz allmählich die Fundamentalpunkte und Ebenen, auf welchen man die Örter aller Gestirne bezieht, ihre gegenseitige Lage und Neigung änderten. So werden im Laufe der Zeit nicht nur die Koordinaten der Fixsterne variieren, sondern die Sonne erreicht auch die nämliche Länge in ihrer Bahn zu immer anderen Tagen im Jahr, und schliefslich bleibt auch die Schiefe der Ekliptik nicht dieselbe, sondern nimmt stetig ab. Da diese Schwankungen alle keine schnellen sind, so ändern sich die jährlichen Auf- und Untergänge eines Sternes in benachbarten Jahren nur sehr wenig, während sie jedoch in grofsen Zeiträumen beträchtliche Verschiebungen erfahren. So gingen z. B. die Plejaden in Rom zur Zeit von Christi Geburt am 27. Mai heliakisch auf, während sie das gegenwärtig erst am 15. Juni thun. Zieht man dabei noch in Betracht, was oben über die Genauigkeit bei der Beobachtung der jährlichen Auf- und Untergänge gesagt wurde, so sieht man sofort, dafs, weil einerseits die Berechnung derselben für ein bestimmtes Jahr auch für eine Reihe voraufgehender und nachfolgender Jahre noch gültig ist, auch andererseits die Angabe des Eintretens eines solchen Phänomens für einen bestimmten Ort und einen bekannten Stern nicht zu einer genauen Zeitbestimmung dienen kann.

Zweiter Teil.

Die Berechnungsmethoden.

Einleitende Bemerkungen über Zeitzählung.

In einem Abschnitt des ersten Teiles haben wir die verschiedenen Arten von Zeit und Jahr kennen gelernt, und es sollen hier noch einige notwendige Erläuterungen über die Art und Weise, in welcher man längere Reihen dieser Zeitabschnitte zu zählen pflegt, gegeben werden. Das Jahr — mag dasselbe nun ein in der Natur begründetes oder willkürlich geschaffenes sein — ist von den verschiedenen Völkern in mannigfachster Weise in Unterabteilungen als z. B. Monate, Wochen und Tage zerlegt worden, welche Zerlegung man als Kalender bezeichnet. Die unterschiedlichen Formen desselben zu besprechen ist Aufgabe der technischen Chronologie und gehört daher nicht in den Kreis der vorliegenden Betrachtungen. Von dem eigentlichen Kalender vollständig unabhängig ist die Zählung der Jahre. Da kein in der Natur begründeter Ausgangspunkt für eine solche vorhanden ist, so ist es erklärlich, dafs von den Menschen die verschiedensten Anfänge solcher Zählungen angenommen wurden, ja dafs man bei der Festsetzung derselben oft mit der gröfsten Willkür verfuhr. Man nennt nun eine mit einem bestimmten Ereignis begonnene Zählung der Jahre die Ära eben dieses Ereignisses und bezeichnet den ersten Tag des ersten Jahres der Ära als die Epoche derselben. In den wichtigsten Kulturländern am weitesten verbreitet ist die christliche Ära, in welcher die Jahre von der Geburt Jesu Christi ab gezählt werden, und deren Epoche der 1. Januar des Jahres 1 (ab incarnatione) ist. Da jedoch diese Epoche erst ziemlich spät in der geschichtlichen Entwicklung der Menschheit eintritt, so ist man dahin übereingekommen, die Jahre vor derselben von da ab rückwärts zu zählen, d. h. man unterscheidet zwischen Jahren vor und nach Christi Geburt. Diese Methode hat zwar den Vorteil, daſs man die Zählung nach beiden Richtungen in's Unbegrenzte fortsetzen kann, aber sie bringt auch mancherlei Unbequemlichkeiten dadurch mit sich, daſs der Anfangspunkt der Zählung in der Mitte und nicht an einem Ende liegt. Bei der mathematischen Behandlung wird eine weitere Komplikation dadurch störend empfunden, daſs man keinem Jahre die Bezeichnung „Null“ beigelegt hat, sondern daſs man das dem Jahre 1 nach Chr. Geb. vorausgehende Jahr als Jahr 1 vor Chr. Geb. bezeichnet. Diesem Übelstande haben die Astronomen abgeholfen, indem sie das dem Jahre 1 nach Chr. Geb. vorausgehende als Jahr 0 bezeichnen und nun von da aus rückwärts zählen. Diese astronomische Zählweise wird dadurch angedeutet, daſs man die Jahre v o r Christi Geburt mit dem n e g a t i v e n, die n a c h Christi Geburt mit dem p o s i t i v e n Vorzeichen versieht. Nach den eben gemachten Erläuterungen ist es sofort klar, daſs die negativen Jahre der astronomischen Schreibweise um eine Einheit kleiner sind als die entsprechenden Jahre vor Christi Geburt, während die positiven Jahre mit den entsprechenden nach Christi Geburt übereinstimmen. Es ist also z. B.

Jahr 3 vor Chr. Geb. = Jahr — 2
„ 1000 „ „ „ = „ — 999
„ 1000 nach „ „ = „ + 1000.

Welchen Vorteil diese Bezeichnung bietet, mag folgendes kleine Beispiel lehren. Wenn man berechnen will, wieviel Jahre zwischen dem 1. Januar des Jahres 3 vor Chr. Geb. und dem 1. Januar des Jahres 5 nach Chr. Geb. verstrichen sind, so wird man leicht zu dem falschen Schluſs verleitet, daſs 3 Jahre vor und 5 nach Chr. Geb., also im ganzen 8 verstrichen sind, während es in Wahrheit nur 7 sind, nämlich die Jahre 3, 2 und 1 vor und 1, 2, 3 und 4 nach Chr. Geb. In astronomischer Schreibweise würde die gestellte Aufgabe lauten: Wieviel Jahre sind zwischen dem 1. Januar des Jahres — 2 und dem 1. Januar des Jahres + 5 verflossen? Die Regel lautet hier: man zieht die negativen Jahre von den positiven ab; wenn man aber eine negative Zahl subtrahieren soll, so heiſst das nichts anderes, als man muſs ihren absoluten Wert addieren, also hier den absoluten Wert 2 zu 5 giebt 7 verflossene Jahre. Einen weiteren Vorteil bietet die astronomische Schreibweise bei der Bestimmung der Schaltjahre. Nach der durch Julius Cäsar eingeführten Kalenderreform folgt auf drei Gemeinjahre zu je 365 Tagen ein Schaltjahr zu 366 Tagen. Die christliche Ära hat diese Schaltmethode acceptiert, indem sie die Zählung mit den drei Gemeinjahren beginnen lieſs, also die Jahre 4, 8, 12 u. s. w. nach Christi Geburt zu Schaltjahren machte. Dann waren rückwärts gerechnet die Jahre 1, 5, 9 u. s. w. vor Christi Geburt Schaltjahre, und man hat allgemein bei der chronologischen Schreibweise folgende Regel zur Bestimmung der Schaltjahre: Schaltjahre sind nach Christi Geburt alle diejenigen, bei denen die Division der Jahreszahl durch 4 ohne Rest aufgeht, dagegen vor Christi Geburt alle jene, für welche bei der Division der Jahreszahl durch 4 der Rest 1 übrig bleibt. Bei astronomischer Schreibweise sind die Jahre + 4, + 8, + 12 u. s. w. sowie andrerseits 0, — 4, — 8 u. s. w. Schaltjahre, daher lautet hier die Regel zur Bestimmung derselben: Schaltjahre sind alle diejenigen, bei denen die Division der Jahreszahl durch 4 ohne Rest aufgeht.

Zur Vereinfachung der christlichen Fest- und Kalenderrechnung schlug Joseph Scaliger (1540—1609) vor, die Jahre nach Perioden von 7980 Jahren zu rechnen, und nannte eine solche eine j u l i a n i s c h e P e r i o d e (nach seinem Vater Julius Scaliger, oder nach anderer Angabe, weil in derselben nach julianischen Jahren gezählt wird). Den Anfang einer solchen Periode setzte er auf den Anfang des Jahres 4713 vor Chr. Geb. = — 4712 (astronomisch). In den nachfolgenden Berechnungsmethoden und den Tafelwerken, auf welche sich diese gründen, wird die julianische Periode mehrfach angewendet, weshalb sie hier Erwähnung finden muſste. Das Rechnen mit derselben ist deshalb so bequem, weil chronologische Untersuchungen vor dem Jahre — 4712 wohl niemals vorkommen werden, man es also stets nur mit einer Zählung nach einer Richtung zu thun hat. In mehreren der später zu besprechenden Tabellen wird statt nach Jahren nach Tagen der julianischen Periode gerechnet, was besonders im Hinblick darauf vorteilhaft ist, daſs Tafeln existieren, welche direkt zur Überführung einer Anzahl julianischer Tage — d. h. Tage der julianischen Periode — in die betreffende Angabe eines beliebigen Kalenders dienen. Einen weiteren allerdings nicht erheblichen Vorteil gewährt die Zählung nach Tagen dann, wenn man es mit Angaben des julianischen Kalenders zu thun hat, denn dann kann man den Wochentag des betreffenden Datums finden, indem man die entsprechende Tageszahl der julianischen Periode durch 7 dividiert; bleibt nämlich bei dieser Division der

Rest	0,	so	ist	der	Tag	ein	Montag
„	1,	„	„	„	„	„	Dienstag
„	2,	„	„	„	„	„	Mittwoch
„	3,	„	„	„	„	„	Donnerstag
„	4,	„	„	„	„	„	Freitag
„	5,	„	„	„	„	„	Samstag
„	6,	„	„	„	„	„	Sonntag.

Die Hülfstafeln und deren Benutzung.

Die Tafelwerke, welche dem Chronologen die Berechnung einzelner astronomischer Daten erleichtern oder überhaupt erst ermöglichen sollen, sind in den letzten Jahrzehnten in immer wachsender Zahl erschienen, und besonders für die wichtigsten Aufgaben, als da sind die Berechnung der Mondphasen und Finsternisse, stehen eine ganze Anzahl von Hülfsbüchern zur Verfügung. In den folgenden Blättern sind nun keineswegs alle die verschiedenen Berechnungsmethoden berücksichtigt, denn das würde der Übersichtlichkeit und Handlichkeit des Ganzen nur geschadet haben, sondern es sind nur einzelne ausgewählt worden. Bei dieser Auswahl sind folgende Anforderungen an die aufzunehmenden Werke gestellt worden:

1. Möglichste Genauigkeit der gewonnenen Resultate.
2. Weiteste Zeiträume der Gültigkeit.
3. Grundlegung der besten astronomischen Daten.
4. Bequemlichkeit beim Gebrauch der Tafeln.
5. Besondere Vorteile, die bei der Benutzung anderer Tafeln nicht zu erreichen sind.

Nicht in allen Fällen, wo es nötig war, eine Auswahl zu treffen, gelang es, ein Werk zu finden, welches allen diesen fünf Punkten gleichzeitig genügte, so dafs es z. B. nötig war, für die Berechnung der Mondphasen drei Tafelwerke heranzuziehen, nämlich Largeteaus Mondtafeln, weil sie die Bedingungen 2 und 5, Oppolzers Syzygientafeln, weil sie die Punkte 1, 2 und 3, Schrams Tafeln zur Berechnung der Mondphasen endlich, weil sie 2, 3 und 4 erfüllen. Dafs bei Beurteilung der verschiedenen Tabellen inbezug auf Punkt 4 besonders individuelle Anschauungen sich geltend machen können, liegt auf der Hand, doch hat sich der Verfasser von denselben möglichst frei zu machen gesucht. Bei der folgenden Zusammenstellung der bei den vorliegenden Berechnungsmethoden angewandten Tafelwerke, ist zuerst in fetter Schrift die Bezeichnung aufgeführt, unter der das Buch im Text zitiert wird, dann kommt der vollständige Titel desselben nebst Ort und Zeit des Erscheinens. Die Reihenfolge ist die alphabetische nach den Namen der Verfasser.

Danckwortts Tafeln: Sterntafeln, enthaltend die Positionen von 46 Fundamentalsternen für alle Jahrhunderte von — 2000 bis + 1800, nach Leverrier, mit Berücksichtigung ihrer Eigenbewegung. Von Dr. O. Danckwortt. — Vierteljahrsschrift der Astronomischen Gesellschaft, 16. Jahrgang (1881) Seite 9 ff. (Heft 1), Leipzig, Wilhelm Engelmann 1881.

Largeteaus Sonnentafeln: Tables abrégées pour le calcul des équinoxes et des solstices; par M. C. L. Largeteau. — Mémoires de l'académie des sciences de l'institut de France, tome XXII, Paris 1850; Seite 477 ff.

Largeteaus Mondtafeln: Tables pour le calcul des syzygies écliptiques ou quelconques; par M. C. L. Largeteau. — Connaissance des temps pour l'an 1846; Additions Seite 3 ff., Paris 1843. Ferner: — Mémoires de l'académie des sciences de l'institut de France, tome XXII, Paris 1850; Seite 491 ff.

Die beiden Largeteauschen Tafelwerke kommen gelegentlich vereinigt als Separatabdruck aus tome XXII der Mémoires antiquarisch im Buchhandel vor; aufserdem sind sie mit deutscher Erklärung erschienen unter dem Titel: Hülfsbuch der rechnenden Chronologie oder Largeteaus abgekürzte Sonnen- und Mondtafeln, von Johannes von Gumpach. Heidelberg. J. C. B. Mohr, 1853.

Oppolzers Syzygientafeln: Syzygien-Tafeln für den Mond nebst ausführlicher Anweisung zum Gebrauche derselben von Prof. Theodor von Oppolzer. Publikation der Astronomischen Gesellschaft XVI. Leipzig, Wilhelm Engelmann, 1881.

Oppolzers Kanon (der Finsternisse): Kanon der Finsternisse von Hofrat Prof. Th. Ritter v. Oppolzer. Herausgegeben von der mathematisch-naturwissenschaftlichen Klasse der Kaiserlichen Akademie der Wissenschaften als LII. Band ihrer Denkschriften. Mit 160 Tafeln. Wien. In Kommission bei Karl Gerolds Sohn, 1887.

Schrams Zodiakaltafel:

Schrams Kalendariographische Tafeln:

Schrams Tafel zur Berechnung der Mondphasen:

Diese drei Schramschen Tafeln sind erschienen unter dem gemeinsamen Titel: Hilfstafeln für Chronologie von Robert Schram. — Denkschriften der Kaiserlichen Akademie der Wissenschaften. Mathematisch-naturwissenschaftliche Klasse. XLV. Band. Wien 1882; Seite 289 ff. — Separatabdruck ist bei Karl Gerolds Sohn, Wien 1883 erschienen.

Schrams Sonnenfinsternistafeln: Tafeln zur Berechnung der näheren Umstände der Sonnenfinsternisse von Dr. Robert Schram. — Denkschriften der Kaiserlichen Akademie der Wissenschaften. Mathematisch-naturwissenschaftliche Klasse. LI. Band. Wien 1886; Seite 385 ff. — Separatabdruck ist bei Karl Gerolds Sohn, Wien 1886 erschienen.

Schrams Reduktionstafeln: Reduktionstafeln für den Oppolzerschen Finsternis-Kanon zum Übergang auf die Ginzelschen empirischen Korrektionen von Dr. Robert Schram. — Denkschriften der Kaiserlichen Akademie der Wissenschaften. Mathematisch-naturwissenschaftliche Klasse. LVI. Band. Wien 1889; Seite 187 ff. — Separatabdruck ist bei Karl Gerolds Sohn, Wien 1889 erschienen.

Wislicenus' Tafeln: Tafeln zur Bestimmung der jährlichen Auf- und Untergänge der Gestirne von Dr. Walter F. Wislicenus. Publikation der Astronomischen Gesellschaft XX. Leipzig, Wilhelm Engelmann, 1892.

Alle diese Tafelwerke enthalten mehr oder minder zahlreiche Tabellen, die dazu dienen, um mit einer bekannten Angabe einen bis dahin unbekannten Wert daraus zu entnehmen. Man nennt nun die bekannte Angabe das Argument, die zu entnehmende Gröſse den Tafelwert. Sehr häufig braucht man zur Gewinnung des letzteren nicht ein, sondern zwei Argumente; dann stehen die Werte des einen über der Tabelle horizontal nebeneinander, die des anderen an der linken Seite der Tabelle vertikal untereinander; man nennt daher das erstere Horizontal-, das letztere Vertikal-Argument. Die zu einer bestimmten Angabe des Horizontal-Arguments gehörenden Tafelwerte stehen in einer vertikalen Kolumne untereinander, die zu einer bestimmten Angabe des Vertikal-Arguments gehörenden in einer horizontalen Reihe nebeneinander. Die Argumente brauchen durchaus nicht immer Zahlenwerte zu sein, sondern es können auch irgend welche Bezeichnungen (z. B. Monatsnamen) als solche auftreten; dagegen sind die Tafelwerte durchgängig Zifferngröſsen, zu denen gelegentlich nur noch das positive oder negative Vorzeichen kommt, welches bei der Entnahme derselben wohl zu beachten ist. Die Zahlenangabe ohne Vorzeichen nennt man die absolute Gröſse des Tafelwertes. Hat man einen negativen Tafelwert $\left\{\begin{matrix}\text{zu}\\ \text{von}\end{matrix}\right\}$ einer Zahlengröſse zu $\left\{\begin{matrix}\text{addieren}\\ \text{subtrahieren}\end{matrix}\right\}$, so muſs man seinen absoluten Betrag $\left\{\begin{matrix}\text{von}\\ \text{zu}\end{matrix}\right\}$ der Gröſse $\left\{\begin{matrix}\text{subtrahieren}\\ \text{addieren}\end{matrix}\right\}$. Z. B. Ist in der Formel

$$a + b = c$$

$a = +30$ und $b = -13$, so ist $c = +17$; lautet dagegen die Formel

$$a - b = c,$$

so wird für $a = +30$ und $b = -13 : c = +43$.

Haben ferner bei einer Multiplikation oder Division die beiden Faktoren $\left\{\begin{matrix}\text{gleiches}\\ \text{entgegengesetztes}\end{matrix}\right\}$ Vorzeichen, so ist das erhaltene Resultat $\left\{\begin{matrix}\text{positiv}\\ \text{negativ}\end{matrix}\right\}$. Z. B.

$$(-7) \times (-9) = +63, \qquad (-7) \times (+9) = -63,$$

$$\frac{+63}{-7} = -9, \qquad \frac{-63}{-7} = +9.$$

4*

Die Argumente in den Tafeln schreiten in regelmäfsigen Intervallen fort; nun wird es aber bei der praktischen Anwendung gelegentlich vorkommen können, dafs der gegebene Argumentwert, mit dem man in die Tabelle eingehen soll, mit keinem der daselbst aufgeführten übereinstimmt, sondern zwischen zwei derselben liegt; in solchem Falle ist eine Interpolation des Tafelwertes für das gegebene Argument nötig, deren einfache Form sich folgendermafsen ausführen läfst:

Die den Argumenten a_1 und a_2 entsprechenden Werte einer tabulierten Gröfse seien b_1 und b_2; um den Wert B zu finden, der dem Argument A entspricht, welches zwischen a_1 und a_2 liegt, so dafs a_1 kleiner, a_2 gröfser als A ist, rechnet man

$$x + \frac{A - a_1}{a_2 - a_1}, \text{ dann ist } B = b_1 + x \times (b_2 - b_1).$$

Hat nun eine Tafel zwei Argumente, so interpoliert man erst für das eine und dann für das andere.

Beispiel.

Aus Tafel VII der Wislicenus'schen Tafeln soll man mit den Argumenten $f = 29^0.896$ und $c = 23^0.679$ den Winkel g interpolieren.

Die in Frage kommenden Werte der betreffenden Tafel sind

c	$f = 29^0$	30^0
23^0	$12^0.221$	$12^0.713$
24^0	12.705	$13.215.$

Zunächst interpoliert man g für das Argument $c = 23^0.679$ und für $f = 29^0$ und $f = 30^0$. Nach der obigen Formel ist:

$$x = \frac{23^0.679 - 23^0}{24^0 - 23^0} = 0.679,$$

also ist der gesuchte Wert von g für

$$f = 29^0\text{:} \quad 12^0.221 + 0.679 \times (12^0.705 - 12^0.221) = \\ = 12^0.221 + 0^0.329 = 12^0.550$$

$$f = 30^0\text{:} \quad 12^0.713 + 0.679 \times (13^0.215 - 12^0.713) = \\ = 12^0.713 + 0^0.341 = 13^0.054.$$

Zwischen diese beiden so gefundenen Werte von g für $c = 23^0.679$ und $f = 29^0$ bez. $f = 30^0$ interpoliert man nun den für $f = 29^0.896$. Jetzt ist

$$x = \frac{29^0.896 - 29^0}{30^0 - 29^0} = 0.896,$$

folglich ist der gesuchte Wert von

$$g = 12^0.550 + 0^0.896 \times (13^0.054 - 12^0.550) =$$
$$= 12^0.550 + 0^0.452 = 13^0.002.$$

Also aus Tafel VII ergiebt sich für die Argumente $f = 29^0.896$ und $c = 23^0.679$ der Winkel $g = 13^0.002$.

Diese ganze Rechnung wird sich in den meisten Fällen viel einfacher und kürzer, ja vielfach im Kopf machen lassen. Schon in diesem Beispiel wäre die Formel für die Gröſse x eigentlich gar nicht nötig gewesen, denn x ist in beiden Fällen nichts weiter als der Dezimalbruch des gegebenen Arguments, ein Fall der stets dann eintritt, wenn das Intervall zwischen den Argumenten der Tafel gleich der Werteinheit (hier 1^0) ist. Diese einfache Interpolation reicht nun nicht mehr aus, wenn die Tafelwerte sich sehr stark und unregelmäſsig ändern, dann muſs man auch den Unterschied zwischen diesen Änderungen, die sogenannte zweite Differenz, berücksichtigen. Dafür dienen die folgenden Vorschriften:

Seien a_1, a_2 und a_3 drei äquidistante Werte des Arguments, bei denen also $a_2 - a_1 = a_3 - a_2$ ist, und b_1, b_2 und b_3 die zugehörigen Tafelgröſsen; dann soll für den zwischen a_2 und a_3 gelegenen Argumentwert A die Tafelgröſse B gefunden werden. Es sei $b_2 - b_1 = d_1$ und $b_3 - b_2 = d_2$, dann ist $d_2 - d_1$ die zweite Differenz. Man rechnet

$$x = \frac{A - a_2}{a_3 - a_2}, \text{ dann ist } B = b_2 + \frac{d_2 + d_1}{2} \times x + \frac{d_2 - d_1}{2} \times x^2.$$

Beispiel.

Aus Tafel IX der Wislicenus'schen Tafeln soll mit den Argumenten $\beta = 11^0.0$ und $h = 17^0.437$ der Wert von Winkel i interpoliert werden.

h	für $\beta =$ $11^0.0$		
16^0	$b_1 = 43^0.809$	$d_1 = -3^0.070$	
17	$b_2 = 40^0.739$		$d_2 - d_1 = +0^0.463$
18	$b_3 = 38^0.132$	$d_2 = -2.607$	

$$A = 17^0.437 \text{ also } x = \frac{17^0.437 - 17^0}{18^0 - 17^0} = 0.437, \; x^2 = 0.191$$

$$
\begin{aligned}
b_2 &= 40^0.739 \\
\frac{d_2+d_1}{2}\times x &= -1.240 \qquad\qquad \frac{d_2+d_1}{2} = -2^0.838 \\
\frac{d_2-d_1}{2}\times x^2 &= +0.044 \qquad\qquad \frac{d_2-d_1}{2} = +0.231 \\
\hline
B &= 39^0.543
\end{aligned}
$$

Also ist der zu den Argumenten $\beta = 11^0.0$ und $h = 17^0.437$ gehörige Wert von Winkel $i = 39^0.543$.

Die Notwendigkeit dieses Verfahrens tritt eigentlich nur in den Wislicenus'schen Tafeln und bei diesen auch nur in den Anfangs- oder Endwerten einiger weniger Tabellen und überdies meist nur bei dem einen Argument auf, sodafs in der Praxis also dasselbe nur sehr selten zur Anwendung kommt. Diese letztere wird sich übrigens nur dann als nötig erweisen, wenn es auf die Erreichung des höchsten durch die Tafeln zu erlangenden Genauigkeitsgrades ankommt; damit ist aber schon gesagt, dafs die Berücksichtigung der zweiten Differenz für die allermeisten chronologischen Rechnungen überhaupt nicht in Frage kommt. Der Vollständigkeit halber wurde dieselbe aber hier mit aufgeführt.

Endlich seien noch die kleinen Hülfstafeln zur Interpolation erwähnt, die sich unter der Bezeichnung „P. p.“ (Partes proportionales) am Fufse einiger Tabellen in Oppolzers Syzygientafeln finden, und deren Einrichtung aus den Logarithmentafeln herübergenommen ist. Sie enthalten als Horizontal-Argument die in der darüberstehenden Tabelle vorkommenden Differenzen; in jeder der vertikalen Kolumnen stehen die Werte, die man erhält, wenn man die Überschrift der Kolumne mit 0.1, 0.2, 0.3 u. s. w. bis 0.9 multipliziert; die Ziffern 1—9 am linken und rechten Ende der Tabelle bezeichnen die horizontalen Reihen, in welcher die betreffenden Produkte stehen. Den Gebrauch der Hülfstafeln erläutert am besten das folgende

Beispiel.

Aus der mit „Argument I“ überschriebenen Tafel in Oppolzers Syzygientafeln soll auf Seite [27] der zu dem Argument 178.73 gehörige Wert von T_I interpoliert werden.

Man findet in der Tafel

Arg.	T_I	Differenz
178	0.2620	64
179	0.2684	

Mit 64 als Horizontal-Argument geht man in die unten stehende Tafel P.p. ein und findet in der mit 64 überschriebenen Vertikal-Kolumne

für	0.7	44.8
„	0.03	1.92
also für	0.73	46.72 oder rund 47;

diese 47 sind zu dem zum Argument 178 gehörenden Werte von T_I zu addieren, also entspricht dem Argument 178.73 ein Wert von $T_I = 0.2620 + 0.0047 = 0.2667$.

Verwandlung einer beliebigen Kalenderangabe in Tage der julianischen Periode, und umgekehrt.

(Siehe: Zweiter Teil, Seite 47).

Berechnung mit Hülfe von Schrams Kalendariographischen Tafeln. In Schrams Kalendariographischen Tafeln werden die folgenden Kalender und Zeitrechnungen berücksichtigt:

I. Festes Sonnenjahr.

A. Julianische Jahrform.

Julianische Periode
Jahre der Stadt Rom (ab urbe condita)
Ära der Kalenderverbesserung (Anni juliani)
Äera der römischen Kaiser (Anni Augustorum)
Spanische Ära
Christliche Ära (ab incarnatione)
Byzantinische Ära (Ära von Konstantinopel)
Antiochisch-cäsarische Ära
Ära der Seleuciden (des Zweigehörnten, der Kontrakte)
Ära Abrahams.

B. Alexandrinische Jahrform.

Alexandrinische Weltära.
Ära des Panodorus oder von Antiochia
Ära des Augustus (Aktische Ära)
Ära Diokletians (Märtyrerära, Gnadenära)

Ära der französischen Republik
Ära Dschelaleddins
Armenisch-dschelaleddinische Ära.

II. Bewegliches Sonnenjahr.

Ära Jezdegirds
Hundsternperiode
Ära der Sindfluth
Ära Nabonassars
Ära Philippi (nach Alexanders Tode)
Ära der Armenier.

III. In längerer Periode ausgeglichenes Sonnenjahr.

Ära der Mexikaner.

IV. Siderisches Sonnenjahr.

Ära des Kaliyuga
Ära Paraśurâma
Ära Grahaparivritti
Śaka Śâlivâhana
Vilâjatî San
Bengali San
Fasli-Ära.

V. Lunisolarjahr.

Ära des Kaliyuga
Buddhistische Ära
Samvat Vikramâditya
Valabhî Samvat
Śiva Siṁha Samvat
Burmesische Ära
Fasli-Jahr der indischen Westprovinzen
Weltära der Juden
Ära der Chinesen
Ära der Japanesen
Olympiadenära der Griechen.

VI. Reines Mondjahr.

Ära der Hedschra.

Für jeden dieser Kalender enthalten die Schramschen Kalendariographischen Tafeln zwei Tabellen, welche als „Tafel I“

und „Tafel II“ unterschieden sind. „Tafel I“ giebt für gröſsere geeignet scheinende Zeitabschnitte der betreffenden Zeitrechnung die seit Anfang der julianischen Periode verflossenen Tage an, während „Tafel II“ die seit Beginn eines solchen gröſseren Zeitabschnittes verstrichenen Tage von Monat zu Monat liefert. Danach erhält man folgende Lösung für Aufgabe

A. Verwandlung einer beliebigen Kalenderangabe in Tage der julianischen Periode.

Gegeben: Das Jahr J, Monat M und Tag t eines beliebigen Kalenders.

Gesucht: Die dieser Angabe entsprechende Anzahl T von Tagen der julianischen Periode.

Man schlägt die zu dem betreffenden Kalender gehörenden Tafeln I und II auf, sucht in der vertikalen Kolumne von „Tafel I“, welche die gegebene Zeitrechnung als Überschrift trägt, das zu J nächst niedrige Jahr J_1 und entnimmt aus der vertikalen Kolumne ohne Überschrift die mit J_1 auf gleicher Horizontalreihe stehende Anzahl T_1 von julianischen Tagen. „Tafel II“ umfaſst eine ganze Anzahl von Vertikal-Kolumnen, von denen die erste die Überschrift „Jahr“, jede der anderen je einen der Monatsnamen des fraglichen Kalenders als Überschrift trägt. Man sucht nun die Differenz $J - J_1$ in der Kolumne „Jahr“ auf und entnimmt aus der mit dem gegebenen Monat M überschriebenen Kolumne die mit $J - J_1$ auf gleicher Horizontalreihe stehende Anzahl T_2 von julianischen Tagen, wobei zu bemerken ist, daſs in der betreffenden Monatskolumne immer nur die Einer, Zehner und Hunderter von T_2 zu finden sind, während die für eine oder mehrere Horizontalreihen konstant bleibenden Tausender und Zehntausender von T_2 nur in der Kolumne des ersten Monats einmal gedruckt, also bei Benutzung einer anderen Monatskolumne mit zu entnehmen sind. Wechseln die Tausender mitten in einer Horizontalreihe, sodaſs die letzten Zahlen derselben mit den vor der folgenden Horizontalreihe stehenden Tausendern und Zehntausendern zu verbinden sind, so ist das dadurch angedeutet, daſs über der Hundertziffer der betreffenden Zahlen ein kleiner wagerechter Strich steht. Die gesuchte Anzahl von julianischen Tagen ist dann gleich

$$T = T_1 + T_2 + t.$$

B. Verwandlung einer gegebenen Anzahl Tage der julianischen Periode in eine beliebige Kalenderangabe.

Gegeben: Die Anzahl T von Tagen der julianischen Periode.

Gesucht: Der dieser Angabe entsprechende Tag t des Monats M im Jahre J einer bestimmten Zeitrechnung.

Man schlägt die zu der betreffenden Zeitrechnung gehörenden Tafeln I und II auf, sucht in der vertikalen Kolumne von „Tafel I" ohne Überschrift die zu T nächst niedrige Zahl T_1 und entnimmt aus der mit der gegebenen Zeitrechnung überschriebenen Kolumne die mit T_1 auf gleicher Horizontalreihe stehende Zahl J_1 von Jahren der betreffenden Ära. In „Tafel II" — über deren Anordnung inbezug auf Einteilung und Druck unter der vorstehenden Aufgabe A das Erforderliche gesagt worden ist — sucht man die zu $T - T_1$ nächst niedrige Zahl T_2 von julianischen Tagen und entnimmt aus derselben den Monatsnamen M, welcher die Überschrift der vertikalen Kolumne bildet, in der T_2 sich findet, sowie das mit T_2 auf gleicher Horizontalreihe stehende Jahr J_2 aus der mit „Jahr" überschriebenen Kolumne. Dann ist der gesuchte Tag

$$t = T - T_1 - T_2$$

der gesuchte Monat M der aus „Tafel II" gefundene und das gesuchte Jahr

$$J = J_1 + J_2.$$

Bei den Aufgaben A und B ist

Zu beachten: Für jede Zeitrechnung ist in den Schramschen Tafeln eine besondere Erklärung gegeben, aus welcher alle Einzelheiten über dieselbe zu entnehmen sind. Im Allgemeinen ist die Anordnung der Tafeln I und II bei den verschiedenen Zeitrechnungen möglichst die gleiche, nur wo es unumgänglich notwendig war, sind kleine Abänderungen gemacht, so bei der Zeitrechnung der Juden, wo man in „Tafel I" die mit den „Jahren" und Tagen der julianischen Periode auf gleicher Horizontalreihe stehende „Kalenderzahl und Index" mit entnehmen muſs, weil man in „Tafel II" für jedes einzelne Jahr 6—8 Horizontalreihen findet, von denen diejenige zu benutzen ist, welche der aus „Tafel I" gefundenen „Kalenderzahl und Index" entspricht. Bei denjenigen Kalendern, welche nicht nach fortlaufenden Jahren, sondern nach Cyklen von einer bestimmten Anzahl von Jahren rechnen (z. B. die Olympiadenära der Griechen), mufs man wohl darauf achten, ob nicht bei Addition der aus „Tafel II“ gefundenen Anzahl von Jahren zu den aus „Tafel I“ sich ergebenden ein ganzer Cyklus überschritten wird und demnach die gefundene Anzahl der Cyklen um eins zu erhöhen, die gefundene Anzahl der Jahre um soviel Jahre, als einen Cyklus ausmachen, zu verkürzen ist. — Ferner ist bei den Kalendern der Christen, Juden und Türken in den Tafeln I und II noch eine Kolumne mit der Überschrift „Kalenderzahl“ hinzugefügt; die Summe der aus Tafel I und II gefundenen „Kalenderzahlen“ bildet das Argument für die den betreffenden Zeitrechnungen beigegebenen Tafeln über „Festkalender“; man braucht die „Kalenderzahl“ also nur, wenn man ein Fest des betreffenden Kalenders berechnen will, sonst hat man sich um die „Kalenderzahl“ nicht zu kümmern mit einziger Ausnahme des jüdischen Kalenders, der bereits oben in dieser Beziehung erwähnt wurde. Überhaupt bieten die Schramschen Tafeln bei den einzelnen Zeitrechnungen noch eine Anzahl von Tabellen (wie z. B. Regententafeln), die dem Chronologen und Historiker sehr willkommen, aber für die eigentliche Verwandlung einer Kalenderangabe in die eines anderen Kalenders ohne Belang sind. Diese Verwandlung findet aber immer in der Weise statt, dafs die eine Kalenderangabe erst in julianische Tage (d. h. Tage der julianischen Periode) umgerechnet wird, und dafs aus diesen dann die entsprechende Angabe des zweiten Kalenders sich findet.

Will man nur genähert wissen, welches Jahr der einen Zeitrechnung einem bestimmten Jahre einer anderen Ära entspricht, so kann man sich mit Vorteil der letzten Tabelle in Schrams Tafeln bedienen, welche den Titel führt: „Zusammenstellung der verschiedenen Ären von hundert zu hundert Jahren“. In dieser Tafel stehen auf gleicher Horizontalreihe immer die Jahre der verschiedenen Ären, welche einander entsprechen. Will man zu dem gegebenen Jahre J der Ära A das entsprechende Jahr Y der Ära B finden, so sucht man in der mit „Ära A“ überschriebenen Kolumne das zu J nächst niedrige Jahr J_1 und entnimmt aus der mit „Ära B“ überschriebenen Kolumne das mit J_1 auf derselben Horizontalreihe stehende Jahr Y_1. Dann ist

$$Y = Y_1 + (J - J_1).$$

Die einzige Ausnahme von dieser Vorschrift tritt bei der „Ära der Hedschra“ ein, weil in dieser nach kürzeren Mondjahren gerechnet wird. In diesem Fall lautet die Formel

$$Y = Y_1 + (J - J_1) \pm \frac{J - J_1}{33},$$

wobei das obere (positive) Zeichen anzuwenden ist, wenn das gesuchte Jahr Y ein Jahr der Hedschra ist; dagegen tritt das untere (negative) Zeichen beim letzten Gliede in Gebrauch, wenn das gegebene Jahr J ein Jahr der Hedschra ist. Der Rest, der bei Ausführung der Division $\frac{J - J_1}{33}$ übrig bleibt, ist ganz unberücksichtigt zu lassen. — Bei den Zeitrechnungen, die nicht nach fortlaufenden Jahren, sondern nach Perioden und in diesen erst nach Jahren zählen, sind die Ziffern, welche die Perioden angeben, in Klammern ( ) eingeschlossen. Hat man eine Angabe einer derartigen Ära in eine andere zu verwandeln, so mufs man die Differenz $J - J_1$, die in Cyklen und Jahren ausgedrückt sein wird, natürlich in Jahre verwandeln; umgekehrt mufs man die in Jahren ausgedrückte Differenz $J - J_1$ bei Berechnung einer Angabe in einer nach Cyklen rechnenden Ära erst durch Division mit der Anzahl Jahre, die eine Periode umfafst, in Cyklen und Jahre verwandeln. — Das negative Zeichen vor einer Zahl bedeutet in dieser Schramschen Tafel, dafs die betreffende Zeit soviel Jahre vor Beginn der Ära liegt, wie ja z. B. die Jahre vor Christi Geburt astronomisch mit dem negativen Zeichen versehen werden und dabei um eine Einheit hinter den chronologischen Angaben zurückstehen. — Die Genauigkeit, welche diese eben besprochene Tabelle liefert, ist natürlich viel geringer als die der genauen „Kalendariographischen Tafeln“, denn da bei dieser erwähnten „Zusammenstellung etc.“ die Einheit das Jahr bildet, so kann auch bei Benutzung derselben ein Fehler von einem Jahre vorkommen, hervorgerufen durch die notwendigen Abrundungen. Die „Kalendariographischen Tafeln“ selbst sind so genau, als es unsere Kenntnis über die verschiedenen Kalender überhaupt zuläfst, d. h. also im allgemeinen bis auf den Tag genau und nur da, wo uns die Form des Kalenders nicht genau überliefert ist oder überhaupt derselbe kein fester war, können gröſsere Abweichungen auftreten. Auf den Tagesanfang, dessen Verschiebung gegen den gewöhnlichen (Mitternacht) bei den einzelnen Zeitrechnungen angegeben ist, hat man, besonders wenn es sich um Abend- oder Nachtstunden handelt, genau zu achten.

Beispiele.

Aufgabe 1: Welchem Datum der Olympiadenära der Griechen entspricht der 13te Payni des Jahres 885 der Ära Nabonassars?

Zunächst sind die Anzahl Tage T der julianischen Periode zu berechnen, welche dem Jahre $J = 885$ der Ära Nabonassars, dem Monat M = Payni und dem Tage $t = 13$ entsprechen.

Schrams „Kalendariographische Tafeln“ Seite 45:

Tafel I^b Kolumne: „Nabonassar“, nächstniedrige Zahl $J_1 = 850$: $T_1 = 1\,758\,522$

„ II „ „10 Payni“, Horizontalreihe $J - J_1 = 35$ (Kolumne „Jahr“): $T_2 = 13\,045$

$t = 13$

$T = 1\,771\,580$

Die Anzahl Tage $T = 1\,771\,580$ der julianischen Periode sind in das Jahr J, den Monat M und den Tag t der Olympiadenära der Griechen zu verwandeln. Aufschlagen in den Tafeln Seite 67:

Tafel I^c Kolumne ohne Überschrift, nächstniedrige Zahl $T_1 = 1\,767\,623$: $J_1 = 226$ III

„ II Argument: $T - T_1 = 3957$ nächstniedrige Zahl $T_2 = 3928$: $J_2 = 2$ II.

Der Wert $T_2 = 3928$ steht in der Vertikalkolumne: Munychion. $T - T_1 - T_2 = 29 = t$. Da vier Jahre eine Olympiade bilden, so ist $J = J_1 + J_2 = 228$ Olympiaden und V Jahre also = 229 Olympiaden und I Jahr. Daher ist

der 13te Payni des Jahres 885 der Ära Nabonassars gleich dem 29ten Munychion des Iten Jahres der 229ten Olympiade.

In abgekürzter Rechnung ist: $J = 885$,

Ära Nabonassars	Olympiadenära der Griechen
$J_1 = 834$	$Y_1 = (216)\ 3$
$J - J_1 = 51$	$\frac{51}{4} = (\ 12)\ 3$
$J = 885$	$Y = (228)\ 6 = (229)\ 2.$

Hiernach wäre also das 885te Jahr der Ära Nabonassars gleich dem 2ten Jahre der 229ten Olympiade. Der Unterschied gegen die strenge Rechnung zeigt, dafs bei der abgekürzten Rechnung eben nur ein ungefähres Resultat zu erlangen ist, das sehr wohl um ein Jahr falsch sein kann.

Aufgabe 2: Welches jüdische Datum entspricht dem 28. Juni des Jahres 432 vor Christi Geburt?

Zunächst sind die Anzahl T von Tagen der julianischen Periode zu berechnen, die dem Jahre $J = 432$ v. Chr. Geb. (chronologisch) $= -431$ (astronomisch), dem Monat $M =$ Juni und dem Tage $t = 28$ entsprechen: Seite 20 und 21:

Tafel I[a] Kolumne: „Jahre v. Christi astronomisch" $J_1 = -500$: $T_1 = 1\,538\,432$

„ II Kolumne: „6 Juni", Horizontalreihe $J - J_1 = +69$ (Kolumne „Jahr"): $T_2 = 25\,354$

$t = 28$

$T = 1\,563\,814$

Die Anzahl Tage $T = 1\,563\,814$ der julianischen Periode sind in das Jahr J, den Monat M und den Tag t der Weltära der Juden zu verwandeln. Seite 56 und 57:

		Kalenderzahl und Index
Tafel I: Kolumne ohne Überschrift,	$T_1 = 1\,562\,058$: $J_1 = 3325$,	$o\ t$
„ II: Argumente: $T - T_1 = 1756$ und Index $o\ t$,	$T_2 = 1744$: $J_2 = 4$,	$o\ a - z$

Der Wert $T_2 = 1744$ steht in der Vertikalkolumne: Thamus

$$T - T_1 - T_2 = 12 = t. \quad J_1 + J_2 = 3329 = J.$$

Also ist der 28te Juni des Jahres 432 v. Chr. Geb. gleich dem 12ten Thamus des Jahres 3329 der Weltära der Juden.

In abgekürzter Rechnung ist: $J = -431$

Jahre der christlichen Zeitrechnung	Jahre der Juden
$J_1 = -513$	$Y_1 = 3247$
$J - J_1 = +82$	$J - J_1 = 82$
$J = -431$	$Y = 3329.$

Die abgekürzte Rechnung giebt hier also dasselbe Resultat wie die strenge.

Aufgabe 3: Mit welchem gregorianischen Datum fällt der 17te Rebî el-awwel des Jahres 1033 der Hedschra zusammen?

Zunächst sind die Anzahl Tage T der julianischen Periode zu berechnen, welche dem Jahre $J = 1033$ der Hedschra, dem Monat $M =$ Rebî el-awwel und dem Tage $t = 17$ entsprechen. Seite 69:

Tafel I^a Kolumne: „Jahr“, $J_1 = 1020 : T_1 = 2\,309\,539$
II^α „ : „3 Rebî el-awwel“,
Horizontalreihe $J - J_1 = 13 : T_2 = \quad 4\,665$
$t = \quad 17$
$T = 2\,314\,221.$

Die Anzahl Tage $T = 2\,314\,221$ der julianischen Periode sind in das Jahr J, den Monat M und den Tag t des gregorianischen Kalenders zu verwandeln. Seite 20 und 21:

Tafel I^b Kolumne ohne Überschrift, $T_1 = 2\,305\,447 : J_1 = 1600$
„ II Argument $T - T_1 = 8774$,
nächstniedrige Zahl $T_2 = \quad 8\,766 : J_2 = \quad 24$

Der Wert $T_2 = 8766$ steht in der Vertikalkolumne: Januar.

$$T - T_1 - T_2 = 8 = t. \qquad J_1 + J_2 = 1624 = J.$$

Also ist der 17te Rebî el-awwel des Jahres 1033 der Hedschra gleich dem 8ten Januar des Jahres 1624 des gregorianischen Kalenders.

In abgekürzter Rechnung ist: $J = 1033$

Ära der Hedschra		Jahre der christl. Zeitrechnung
$J_1 = 995$		$Y_1 = 1587$
$J - J_1 = 38$,	$\frac{J - J_1}{33} = 1$ also	$J - J_1 - \frac{J - J_1}{33} = 37$
$J = 1033$		$Y = 1624$

Die abgekürzte Rechnung liefert also dasselbe Resultat wie die strenge.

Berechnung der Rektascension und Deklination eines bestimmten Sternes für ein gegebenes Jahr.

(Siehe: Erster Teil, Seite 7 ff.)

Berechnung mit Hülfe von Danckwortts Tafeln.

Gegeben: Bezeichnung des Sternes und das Jahr J (in astronomischer Schreibweise).

Gesucht: Die Rektascension (α) und Deklination (δ) des betreffenden Sternes für das Jahr J.

Die Danckworttschen Tafeln geben für die in der folgenden Zusammenstellung aufgeführten 46 Sterne die Rektascensionen und Deklinationen (beide Gröſsenarten in Graden, Bogenminuten und Bogensekunden ausgedrückt) von 100 zu 100 Jahren für den Zeitraum von — 2000,0 bis + 1800,0 des julianischen Kalenders. Die Bezeichnung der Sterne ist in astronomischer Weise durch den Namen des Sternbildes unter Vorsetzung des von Bayer ihnen beigelegten griechischen Buchstabens geschehen, welche Bezeichnung die erste Kolumne der folgenden Tabelle enthält, während die zweite derselben die Eigennamen, soweit solche überliefert sind, angiebt. In der dritten und vierten Spalte sind die Gröſsenangaben für die betreffenden Sterne enthalten und zwar einmal die „wahren" Helligkeiten nach ganzen und zehntel Gröſsenklassen und zuletzt die „abgerundeten" Werte, wie solche z. B. bei der Berechnung der jährlichen Auf- und Untergänge zugrunde zu legen sind.

Bezeichnung nach Bayer	Eigenname	Gröſsenklasse	
		wahre	abgerundete
γ Pegasi	Algenib*)	2.6	3
α Cassiopejae	Shedir	2.5	2
α Ursae minoris	Polaris	2.2	2
α Arietis	El-nath (Hamal)	2.0	2
α Ceti	Mencar	2.3	2
α Persei	Algenib*)	2.0	2
α Tauri	Aldebaran	1.0	1
α Aurigae	Capella	0.3	1
β Orionis	Rigel	0.4	1
β Tauri	—	2.0	2
α Orionis	Beteigeuze	1.2	1
α Canis majoris	Sirius	— 1.1	1
α Geminorum	Castor	1.8	2
α Canis minoris	Procyon	0.6	1
β Geminorum	Pollux	1.4	1
α Hydrae	Alphard	2.0	2

*) Es ist wohl darauf zu achten, daſs der Eigenname „Algenib" sowohl für γ Pegasi als auch für α Persei gebraucht wird.

Bezeichnung nach Bayer	Eigenname	Gröſsenklasse	
		wahre	abgerundete
α Leonis	Regulus	1.3	1
α Ursae majoris	Dubhe	2.0	2
β Leonis	Denebola	2.0	2
β Virginis	—	3.3	3
γ Ursae majoris	—	2.3	2
α Virginis	Spica	1.1	1
η Ursae majoris	Benetnasch	2.0	2
α Bootis	Arcturus	0.1	1
1 α Librae	—	6.0	6
2 α Librae	Zubenelgenubi	2.3	2
β Ursae minoris	Cochab	2.0	2
α Coronae	Gemma	2.0	2
α Serpentis	Unuk	2.3	2
α Scorpii	Antares	1.3	1
α Herculis	Ras Algethi	3.6	4
α Ophiuchi	Ras Alhague	2.3	2
γ Draconis	—	2.3	2
α Lyrae	Wega	0.2	1
γ Aquilae	—	3.0	3
α Aquilae	Altair	1.0	1
β Aquilae	—	4.0	4
1 α Capricorni	—	4.3	4
2 α Capricorni	—	3.3	3
α Cygni	Deneb	1.4	1
α Cephei	Alderamin	2.6	3
β Cephei	—	3.0	3
α Aquarii	Sadalmelek	3.1	3
α Piscis austrini	Fomalhaut	1.3	1
α Pegasi	Markab	2.0	2
α Andromedae	Sirrah	2.0	2

Die Sterne, welche in Wahrheit heller als 1.0 Gröſse sind, haben Bezeichnungen erhalten, die kleiner als die Einheit oder negativ sind, so z. B. *α* Aurigae 0.3, *α* Canis majoris —1.1. Dazu ist zu bemerken, daſs ein Stern 0.0 Gröſse eine volle Gröſsenklasse heller ist, als ein solcher von 1.0, während Sterne mit der Gröſsenbezeichnung —1.0, —2.0, etc. gar volle 2, 3, etc. Gröſsenklassen heller sind, als ein Stern erster Gröſse. Danach ist der Sirius also 2.1 Gröſsenklassen heller als ein Stern erster

Größe. Die Ortsangaben für jeden der hier aufgeführten Sterne nehmen bei Dankwortt eine ganze Seite ein, welche die Bezeichnung nach Bayer als Überschrift trägt und im übrigen genau die gleiche Anordnung hat, wie die gegenüberstehende Tafel für η Tauri = Alcyone, dessen wahre Größe 3.0, die abgerundete also 3 beträgt. Dieser Stern fehlt in dem Danckworttschen Werke, und doch ist derselbe für die Chronologie besonders wichtig da er der hellste im Sternbilde der Plejaden ist und ungefähr in dessen Mitte steht, sodaſs bei Berechnungen für diesen Sternhaufen unbedenklich der Ort und die Helligkeit der Alcyone zugrunde gelegt werden kann. In der mit t überschriebenen Kolumne sind die vollen Jahrhunderte des julianischen Kalenders in der astronomischen Bezeichnung aufgeführt, in der mit α bezeichneten finden wir die Rektascensionen und dahinter die Änderungen derselben in 100 Jahren, in der mit δ überschriebenen die Deklinationen mit ihren entsprechenden Änderungen. Die „Jährliche Eigenbewegung in α und δ“ ist nur hinzugefügt, um völlige Übereinstimmung mit Danckwortt zu erzielen.

Die Berechnung von α und δ eines bestimmten Sternes für das Jahr J (in astronomischer Schreibweise) geschieht nach den Danckworttschen Tafeln folgendermaſsen. Man bezeichnet mit t_1 und t_2 die das Jahr J einschlieſsenden vollen Jahrhunderte und zwar mit t_1 das zeitlich vorausgehende mit t_2 das zeitlich nachfolgende; dem entsprechend versteht man unter α_1, δ_1 bez. α_2, δ_2 die zu t_1 bez. t_2 gehörenden Werte der Rektascension und Deklination des betreffenden Sterns, dann ist

$$\alpha = \alpha_1 + (\alpha_2 - \alpha_1)\frac{J - t_1}{100} \quad \text{oder} \quad = \alpha_2 - (\alpha_2 - \alpha_1)\frac{t_2 - J}{100}$$

$$\delta = \delta_1 + (\delta_2 - \delta_1)\frac{J - t_1}{100} \quad \text{oder} \quad = \delta_2 - (\delta_2 - \delta_1)\frac{t_2 - J}{100}.$$

Die Rektascensionen haben stets das positive Vorzeichen, während man bei J, t_1, t_2, δ_1, δ_2 sowie bei den Differenzen $\alpha_2 - \alpha_1$ und $\delta_2 - \delta_1$ sehr genau auf die Vorzeichen achten muſs. Da die Tafeln die Gröſsen α_1, α_2, δ_1 und δ_2 auf ganze Bogensekunden genau angeben, so müssen die bei den Multiplikationen $(\alpha_2 - \alpha_1)\frac{J - t_1}{100}$ etc. sich ergebenden Werte ebenfalls unter Weglassung der Dezimalstellen auf ganze Sekunden abgerundet

η Tauri.

t	α		δ	
— 2000	2° 49′ 35″	+ 1° 15′ 6″	+ 5° 10′ 12″	+ 33′ 55″
1900	4 4 41	1 15 14	5 44 7	33 51
1800	5 19 55	1 15 24	6 17 58	33 46
1700	6 35 19	1 15 35	6 51 44	33 41
1600	7 50 54	1 15 46	7 25 25	33 34
1500	9 6 40	1 15 58	7 58 59	33 26
1400	10 22 38	1 16 11	8 32 25	33 18
1300	11 38 49	1 16 25	9 5 43	33 8
1200	12 55 14	1 16 40	9 38 51	32 56
1100	14 11 54	1 16 56	10 11 47	32 45
1000	15 28 50	1 17 12	10 44 32	32 32
900	16 46 2	1 17 30	11 17 4	32 18
800	18 3 32	1 17 48	11 49 22	32 3
700	19 21 20	1 18 7	12 21 25	31 46
600	20 39 27	1 18 27	12 53 11	31 29
500	21 57 54	1 18 47	13 24 40	31 11
400	23 16 41	1 19 8	13 55 51	30 51
300	24 35 49	1 19 30	14 26 42	30 31
200	25 55 19	1 19 53	14 57 13	30 9
— 100	27 15 12	1 20 16	15 27 22	29 47
0	28 35 28	1 20 40	15 57 9	29 23
+ 100	29 56 8	1 21 4	16 26 32	28 58
200	31 17 12	1 21 29	16 55 30	28 33
300	32 38 41	1 21 54	17 24 3	28 6
400	34 0 35	1 22 20	17 52 9	27 37
500	35 22 55	1 22 47	18 19 46	27 8
600	36 45 42	1 23 13	18 46 54	26 39
700	38 8 55	1 23 40	19 13 33	26 7
800	39 32 35	1 24 7	19 39 40	25 34
900	40 56 42	1 24 34	20 5 14	25 2
1000	42 21 16	1 25 2	20 30 16	24 27
1100	43 46 18	1 25 30	20 54 43	23 52
1200	45 11 48	1 25 57	21 18 35	23 15
1300	46 37 45	1 26 25	21 41 50	22 38
1400	48 4 10	1 26 53	22 4 28	22 0
1500	49 31 3	1 27 20	22 26 28	21 20
1600	50 58 23	1 27 47	22 47 48	20 40
1700	52 26 10	+ 1 28 14	23 8 28	+ 20 2
+ 1800	53 54 24		+ 23 28 30	

Jährliche Eigenbewegung in α und δ:

— 2000	+ 0″.001	— 0″.040
— 100	0.000	— 0.040
+ 1800	— 0.006	— 0.040.

werden. Die Danckworttschen Tabellen enthalten nicht nur die zu t_1 und t_2 gehörenden α_1, α_2, δ_1 und δ_2 sondern auch gleich die Differenzen $\alpha_2 - \alpha_1$ und $\delta_2 - \delta_1$ und zwar unter genauer Angabe des Vorzeichens. Man wird zur Berechnung von α und δ den ersten oder zweiten Ausdruck wählen, je nachdem $\frac{J - t_1}{100}$ kleiner oder gröfser als $\frac{t_2 - J}{100}$ ist, d. h. je nachdem J näher bei t_1 oder bei t_2 liegt.

Zu beachten: Hat man α und δ für einen Stern zu bestimmen, der nicht zu den 46 von Danckwortt berechneten gehört, so kann man dessen Position für das Jahr J (astronomische Schreibweise) auf folgende Art ermitteln. Die Danckworttsche Arbeit enthält auf den Seiten 30, 31 und 32 drei Tafeln, welche für die Zeit von -2000 bis $+1800$ die Hülfsgröfsen A, A' und ϑ in Winkelmafs ausgedrückt von 100 zu 100 Jahren liefern. Man berechnet zunächst aus einem der neueren Sternverzeichnisse die Rektascension α_0 und die Deklination δ_0, sowie die Eigenbewegung in Rektascension $\Delta\alpha_0$ und in Deklination $\Delta\delta_0$ für 1800,0 des julianischen Kalenders, indem man die Bewegung innerhalb 12 Tagen zu der Position von 1800,0 des gregorianischen Kalenders addiert. Sodann interpoliert man aus den Hülfstafeln die zu J gehörenden Werte von A, A' und ϑ und berechnet mit Hülfe der Formeln

$$\tan N = \frac{\tan \delta_0}{\cos(\alpha_0 + A)}, \quad \tan(\alpha' + A') = \tan(\alpha_0 + A)\,\frac{\cos N}{\cos(N + \vartheta)},$$

$$\tan \delta' = \tan(N + \vartheta) \, . \cos(\alpha' + A')$$

die Gröfsen α' und δ' und mittelst der Ausdrücke

$$m = \sqrt{\Delta\delta_0^{\,2} + \Delta\alpha_0^{\,2} . \cos\delta_0}, \quad \tan d = \frac{\Delta\alpha_0 \, . \cos\delta_0}{\Delta\delta_0},$$

$$\sin c = \frac{\sin\vartheta \, . \sin(\alpha' + A')}{\cos\delta_0}$$

$$\Delta\alpha' = \frac{m \, . \sin(c + d)}{\cos\delta'}, \quad \Delta\delta' = m \, . \cos(c + d)$$

die Werte $\Delta\alpha'$ und $\Delta\delta'$, dann ist das gesuchte

$$\alpha = \alpha' - \Delta\alpha' \, . (1800 - J) \text{ und } \delta = \delta' - \Delta\delta' \, . (1800 - J).$$

Die Berechnung von α' und δ' ist mit sechs-, die von $\Delta\alpha'$ und $\Delta\delta'$ mit fünfstelligen Logarithmen zu führen.

Beispiel.

Welche Rektascension und Deklination hatte Alcyone im Jahre 432 vor Christi Geburt?

$J = -431$. Nun giebt die Tafel für η Tauri (siehe Seite 67):

$$\begin{aligned} t_1 &= -500 & \alpha_1 &= 21^0 57' 54'' \\ t_2 &= -400 & \alpha_2 &= 23\ 16\ 41 \end{aligned} \quad \alpha_2 - \alpha_1 = +1^0 18' 47'' = +4727''$$

$$\begin{aligned} \delta_1 &= +13^0 24' 40'' \\ \delta_2 &= +13\ 55\ 51 \end{aligned} \quad \delta_2 - \delta_1 = +31' 11'' = +1871''$$

$$J - t_1 = -431 + 500 = +69 \quad t_2 - J = -400 + 431 = +31$$

$$\text{also: } \frac{J - t_1}{100} = +0.69, \quad \frac{t_2 - J}{100} = +0.31$$

$$\alpha = 21^0 57' 54'' + 4727'' \times 0.69 = 23^0 16' 41'' - 4727'' \times 0.31$$

$$\delta = +13^0 24' 40'' + 1871'' \times 0.69 = +13^0 55' 51'' - 1871'' \times 0.31$$

$$\begin{array}{rr} \alpha_1 = 21^0\ 57'\ 54'' & \alpha_2 = 23^0\ 16'\ 41'' \\ +\ \ 0\ \ 54\ \ 22 & -\ \ 0\ \ 24\ \ 25 \\ \hline \alpha = 22^0\ 52'\ 16'' & \alpha = 22^0\ 52'\ 16'' \end{array}$$

$$\begin{array}{rr} \delta_1 = +13^0\ 24'\ 40'' & \delta_2 = +13^0\ 55'\ 51'' \\ +\ \ 0\ \ 21\ \ 31 & -\ \ 0\ \ \ 9\ \ 40 \\ \hline \delta = +13^0\ 46'\ 11'' & \delta = +13^0\ 46'\ 11''. \end{array}$$

Der Ort der Alcyone im Jahre 432 v. Chr. G. ist daher: $\alpha = 22^0 52' 16''$, $\delta = +13^0 46' 11''$.

Berechnung der vier Jahrespunkte (Äquinoktien und Solstitien) für ein gegebenes Jahr.

(Siehe: Erster Teil, Seite 10 ff.)

I. Berechnung mit Hülfe von Largeteaus Sonnentafeln.

Gegeben: Das Jahr J (in astronomischer Schreibweise).

Gesucht: Die Zeiten, zu welchen im Jahre J die Äquinoktien und Solstitien eintreten.

Die Largeteauschen Sonnentafeln enthalten für jeden der vier Jahrespunkte zwei Tabellen („Table I“ und „Table II“), welche immer zusammen eine Seite ausfüllen, sodafs das Werk also vier Seiten mit den Überschriften „Equinoxe vernal“, „Solstice d'été“, „Équinoxe d'automne“ und „Solstice d'hiver“ sowie auf einer fünften Seite eine „Table III“ enthält, welche zur Umrechnung der Werte von 60 bis 70000 Sekunden in Stunden, Minuten und Sekunden dient. Die Berechnungsart für jeden der vier Jahrespunkte ist genau die gleiche, nur dafs man derselben jedesmal die beiden Tabellen zu Grunde legen mufs, welche die Bezeichnung des betreffenden Jahrespunktes als Überschrift tragen. Man verwandelt zunächst die in astronomischer Schreibweise gegebene Jahreszahl J in die betreffende der julianischen Periode, indem man sie unter strenger Berücksichtigung des Vorzeichens zu 4713 addiert, d. h. also bei negativen Jahreszahlen deren absoluten Wert von 4713 subtrahiert. Man bildet also

$$4713 + J = J_1.$$

Dann dividiert man die Zehner und Einer (also die beiden letzten Stellen) von J_1 durch 4, welche Division entweder aufgeht oder den Rest 1, 2 oder 3 übrig läfst. Dadurch hat man bestimmt, ob J_1 von der Form $4n + 1$, $4n + 2$, $4n + 3$ oder $4n$ ist, wobei n eine beliebige ganze Zahl bedeutet. Blieb bei der erwähnten Division der Rest 1, so ist das Jahr J_1 und damit auch J ein Schaltjahr (année bissextile). Mit dem Wert $4n + 1$, $4n + 2$, $4n + 3$ oder $4n$ als Argument geht man in die betreffende „Table I" ein und entnimmt die auf der gleichen Horizontalreihe stehende Angabe, die Monatsnamen und eine Anzahl Tage (j), Stunden, Minuten und Secunden enthält. Mit der Anzahl der vollen Jahrhunderte, die J_1 umfafst, als Argument geht man in die entsprechende „Table II" ein und entnimmt derselben den auf gleicher Horizontalreihe stehenden Wert D (in Tagen, Stunden, Minuten und Sekunden ausgedrückt) und die dahinter eine halbe Zeile tiefer stehende Gröfse δ, welche aus ganzen Sekunden und deren Dezimalteilen besteht. Man multipliziert δ mit den Einern und Zehnern von J_1 und verwandelt die resultierende Anzahl ganzer Sekunden unter Vernachlässigung der Dezimalstellen mit Hülfe der oben erwähnten „Table III" in Stunden, Minuten und Sekunden, die man zu D addiert; die dadurch erhaltene Angabe D_1 subtrahiert man von dem aus „Table I" entnommenen Ausdruck; der Rest ist das Datum im julianischen Kalender und die Tageszeit in mittlerer (bürgerlicher) Pariser Zeit (d. h. den Tag mit Pariser Mitternacht begonnen, aber die Stunden von 0 bis 24 durchgezählt) des gesuchten Jahrespunktes für das Jahr J. Dabei ist zu bemerken, daſs, wenn die restbleibende Anzahl Tage gröſser ist als die Zahl der Tage des betreffenden Monats, man es einfach mit einem Datum des folgenden Monats zu thun hat, so ist z. B. März 60 = April 29, Juni 62 = August 1, September 58 = Oktober 28 und Dezember 56 = Januar 25.

II. Berechnung mit Hülfe von Schrams Zodiakaltafel.

Da die vier Jahrespunkte der Reihe nach mit dem Eintreten der Sonne in die himmlischen Zeichen ♈ (0^0), ♋ (90^0), ♎ (180^0) und ♑ (270^0) zusammenfallen, so kann man zu ihrer Berechnung auch die Schramsche Zodiakaltafel benutzen, welche zur „Berechnung des Eintritts der Sonne in eines der zwölf Zeichen für ein gegebenes Jahr“ dient, welche Aufgabe im nächsten Abschnitt behandelt ist.

Zu beachten: Das Wintersolstiz, welches jetzt in den Dezember fällt, ist vor mehr als 3000 Jahren in den Januar gefallen. Findet man also bei Berechnung desselben eine Anzahl Tage, die gröſser als 31 ist, so liegt der gesuchte Zeitpunkt im Januar des folgenden Jahres; wenn man daher das wirklich in das Jahr J fallende Wintersolstiz in solchem Falle haben will, so muſs man die Berechnung für das J vorausgehende Jahr anstellen. Nach Largeteaus Sonnentafeln fällt das Wintersolstiz zum ersten Male im Jahre — 1304 in den Dezember (31. Dez. $23^h 31^m 26^s$ bürgerliche Zeit von Paris). Im darauffolgenden Jahrhundert fällt es bald in den Januar bald in den Dezember, sodaſs es vorkommen kann, daſs einerseits zwei Wintersolstitien in das gleiche Jahr fallen, nämlich in den Januar und Dezember (so z. B. in den Jahren — 1276, — 1272, — 1268, — 1264, — 1260, — 1256 etc.), und daſs andererseits in einzelnen Jahren gar kein Wintersolstiz eintritt (so z. B. in den Jahren — 1275, — 1270, — 1266, — 1262, — 1258 etc.). Nach Largeteau ist der Winterpunkt seit dem 1. Januar — 1200 ($0^h 3^m 54^s$ bürgerliche Pariser Zeit) nie mehr im Januar sondern immer im Dezember eingetreten. — Was die Genauigkeit anbetrifft, so ist die Schramsche Zodiakaltafel, die jeden fraglichen Eintritt bis auf Minuten genau giebt, den Largeteauschen Sonnentafeln bei weitem überlegen. Letztere geben zuweilen die berechneten Daten, besonders wenn sie sehr weit zurückliegen, bis auf 5 Stunden ungenau an, weil sie noch auf wenig zuverlässigen Grundlagen beruhen. Immerhin ist die von ihnen gebotene Genauigkeit für viele chronologische Zwecke völlig genügend, wobei es natürlich überflüssig ist, die Angaben bis auf Sekunden genau zu entnehmen, was in den folgenden Beispielen nur der Vollständigkeit halber geschehen ist. Die Largeteauschen Tafeln haben vor der Schramschen, eben weil sie weniger umfassend und genau sind, den Vorzug der gröfseren Übersichtlichkeit und Handlichkeit voraus.

Beispiele.

1) Wann trat das Frühlingsäquinoktium im Jahre 300 v. Chr. Geb. ein?

300 v. Chr. Geb. = — 299 (astronomisch) also: $J = -299$.

$4713 - 299 = 4414 = J_1$; $\frac{14}{4} = 3$ Rest 2, also ist das Jahr 4414 von der Form $4n + 2$ ($n = 3$).

Auf der Seite mit der Überschrift „Equinoxe vernal" findet man: Table I, Argument: $4n + 2$: März $60^t 11^h 50^m 46^s$.

Aus Table II nimmt man mit dem Argument 4400:

$$D = 35^t\, 2^h\, 47^m\, 14^s \text{ und } \delta = 675^s.77 \quad \delta \times 14 = 9461^s$$

$$\begin{array}{r} + \delta \times 14 = \quad 2 \quad 37 \quad 41 \\ \hline D + \delta \times 14 = 35^t\, 5^h\, 24^m\, 55^s \end{array}$$

Dieser Wert wird abgezogen von dem aus Table I gefundenen:

$$\begin{array}{r} \text{März } 60^t\, 11^h\, 50^m\, 46^s \\ -\ 35 \quad 5 \quad 24 \quad 55 \\ \hline \text{März } 25^t \quad 6^h\, 25^m\, 51^s \end{array}$$

Table III giebt:

$$\begin{array}{r} 9000^s = 2^h\, 30^m \quad 0^s \\ 400 = 0 \quad 6 \quad 40 \\ 60 = 0 \quad 1 \quad 0 \\ 1 = 0 \quad 0 \quad 1 \\ \hline 9461^s = 2^h\, 37^m\, 41^s \end{array}$$

Nach Largeteaus Sonnentafeln fand also das Frühlingsäquinoktium im Jahre 300 v. Chr. Geb. am 25. März um $6^h 25^m 51^s$ nach mittlerer Pariser Zeit statt.

2) Wann trat das Wintersolstitium im Jahre 1276 v. Chr. Geb. ein?

1276 v. Chr. Geb. = — 1275 (astronomisch), also $J = -1275$.

$4713 - 1275 = 3438 = J_1$; $\frac{38}{4} = 9$ Rest 2, also ist das Jahr 3438 von der Form $4n + 2$ ($n = 9$).

Auf der Seite mit der Überschrift „Solstice d'hiver“ nimmt man aus Table II mit dem Argument 3400:

$$D = 24^t 13^h 52^m 33^s \text{ und } \delta = 610^s.25 \quad \delta \times 38 = 23190^s$$

$$\begin{array}{rl} + \delta \times 38 = & 6 \; 26 \; 30 \\ \hline D + \delta \times 38 = & 24^t 20^h 19^m \; 3^s \end{array}$$

Auf der gleichen Seite findet man in Table I mit dem Argument: $4n + 2$:

$$\begin{array}{rl} \text{Dezember} & 56^t 20^h 55^m 31^s \\ -(D + \delta \times 38) = & 24 \; 20 \; 19 \; 3 \\ \hline \text{Dezember} & 32^t \; 0^h 36^m 28^s \end{array}$$

Table III giebt:

$$\begin{array}{rl} 20000^s = & 5^h 33^m 20^s \\ 3000 = & 0 \; 50 \; 0 \\ 100 = & 0 \; 1 \; 40 \\ 90 = & 0 \; 1 \; 30 \\ \hline 23190^s = & 6^h 26^m 30^s \end{array}$$

Nach Largeteaus Sonnentafeln fand also im Jahre — 1275 kein Wintersolstitium statt, sondern dasselbe trat erst ein im Jahre — 1274 am 1. Januar um $0^h 36^m 28^s$ mittlere Pariser Zeit.

Berechnung des Eintritts der Sonne in eines der zwölf Zeichen für ein gegebenes Jahr.

(Siehe: Erster Teil, Seite 11.)

Berechnung mit Hülfe von Schrams Zodiakaltafel.

Gegeben: Das Jahr J.

Gesucht: Die Zeitangabe, zu welcher im Jahre J die Sonne in eines der zwölf himmlischen Zeichen trat.

Die Schramsche Zodiakaltafel umfaſst fünf Seiten, von denen die erste „Tafel I“ und die zweite „Säkularglieder zu Tafel I“ sowie „Tafel II“ enthält. Seite 3 und 4 bringen sechs Tabellen mit den Überschriften „Argument A“, „Argument B“ u. s. w. bis „Argument F“ und darunter eine Tafel mit der Bezeichnung „Korrektion für Zeitgleichung“. Auf der fünften Seite endlich findet man eine „Multiplikationstafel“ und eine „Tafel zur Verwandlung der Dezimalen des Tages in Stunden und Minuten“. Alle Zeitangaben, die man mittelst der Schramschen Tafel erhält, sind in Tagen der julianischen Periode und in mittlerer bez., wenn man die „Korrektion für Zeitgleichung“ berücksichtigt, in wahrer Zeit von Greenwich ausgedrückt. Die Berechnung geschieht nun in folgender Weise. Man bestimmt mit Hülfe von Schrams kalendariographischen Tafeln nach der früher besprochenen Methode die Anzahl Tage T der julianischen Periode, die bei Beginn des Jahres J gerade verflossen sind. Mit T als Argument geht man in „Tafel I" ein. Diese zerfällt in 18 Vertikalkolumnen, von denen die 12 ersten als Überschriften die Angaben 0^0, 30^0, 60^0, ... bis 330^0, darunter die Symbole der 12 himmlischen Zeichen und deren lateinische Namen tragen. Jede dieser 12 Kolumnen enthält sieben Ziffern, von denen die drei ersten vor dem Komma die Einer, Zehner und Hunderter der julianischen Tage, die vier letzten hinter dem Komma den Dezimalbruch des Tages ausdrücken. Die erste Kolumne mit der Überschrift: „0^0 ♈ Aries" enthält außerdem noch zwei bis vier Ziffern vor den erwähnten sieben, welche die Tausender, Zehntausender u. s. w. der julianischen Tage ausdrücken. Dieselben gelten nicht bloß für die erste Kolumne, sondern für alle Zahlen der übrigen Kolumnen, die in der gleichen Horizontalreihe stehen, sind also diesen bei Entnahme jedesmal vorzusetzen. Z. B. steht in der zehnten Zeile von oben der „Tafel I" in der ersten Kolumne der Wert 378 144,4847 in der dritten Kolumne die Zahl 207,3816; dieser müssen die drei ersten Ziffern aus Kolumne „0^0 ♈ Aries" vorgesetzt werden, sodaß der vollständige Wert in der zehnten Zeile der dritten Kolumne lautet 378 207,3816. Unter Berücksichtigung dieser Anordnung sucht man in der Vertikalkolumne von „Tafel I", welche als Überschrift das Zeichen trägt, für das man den Eintritt der Sonne im Jahre J berechnen will, die zu T nächst kleinere Zahl T_1, schreibt diese mit ihren Dezimalstellen heraus und dahinter die auf der gleichen Horizontalreihe in den letzten sechs Kolumnen unter den Überschriften A_{I}, B_{I}, C_{I}, D_{I}, E_{I}, F_{I} stehenden ein-, zwei- oder dreistelligen Zahlen, sowie das ebenfalls auf der gleichen Horizontalreihe und unter dem fraglichen Zeichen stehende „Säkularglied zu Tafel I" mit seinem Vorzeichen. Mit $T - T_1$ als Argument geht man in die erste Kolumne von „Tafel II" ein und sucht dazu die nächst höhere Zahl T_2, welche man unter T_1 schreibt, ebenso wie die auf der gleichen Horizontalreihe stehenden Werte A_{II}, B_{II}, ... F_{II} unter die obigen Größen A_{I}, B_{I}, ... F_{I}; außerdem entnimmt man aus „Tafel II" den auf der gleichen Zeile mit A_{II}, B_{II}, ... F_{II} stehenden Wert „t". Darauf bildet man die sechs

Summen $A_{\mathrm{I}} + A_{\mathrm{II}}$, $B_{\mathrm{I}} + B_{\mathrm{II}}$, ... $F_{\mathrm{I}} + F_{\mathrm{II}}$, indem man, sobald dieselben gröfser als 400 werden, nur ihren Überschufs über diese Zahl notiert. Man geht nun mit $A_{\mathrm{I}} + A_{\mathrm{II}}$ als Argument in die mit „Argument A" bezeichnete Tafel ein und entnimmt aus der mit dem betreffenden Zeichen überschriebenen Kolumne den zu $A_{\mathrm{I}} + A_{\mathrm{II}}$ gehörenden Wert; ebenso verfährt man mit $B_{\mathrm{I}} + B_{\mathrm{II}}$ und der mit „Argument B" überschriebenen Tafel und sofort, wodurch man sechs Werte erhält, die man zu den letzten Dezimalstellen von $T_1 + T_2$ addiert; schliefslich fügt man noch zu ebendenselben unter strenger Berücksichtigung des Vorzeichens das Produkt von „Säkularglied" mal „t"; zur Bildung desselben dient die „Multiplikationstafel" auf der fünften Seite. Die Gesamtsumme dieser verschiedenen Gröfsen giebt das gesuchte Datum in Tagen der julianischen Periode und Dezimalteilen des Tages ausgedrückt. Diese letzteren rechnet man mittelst der „Tafel zur Verwandlung der Dezimalen des Tages in Stunden und Minuten" in Stunden, Minuten und deren Dezimalteilen mittlerer Zeit Greenwich (astronomische Zählweise) um, während man die Anzahl der julianischen Tage mittelst der „Kalendariographischen Tafeln" von Schram (Berechnungsart siehe Seite 58) in die Angabe eines beliebigen Kalenders verwandelt. Will man die Zeitangabe nicht in mittlerer, sondern in wahrer Greenwicher Zeit haben, so entnimmt man aus der Tafel mit der Überschrift „Korrektion für Zeitgleichung" mit dem Argument $T_1 + T_2$ die in der mit dem betreffenden Zeichen überschriebenen Kolumne stehende Zahl mit ihrem Vorzeichen; unter strenger Berücksichtigung des letzteren bringt man dieselbe an den letzten Dezimalen des in mittlerer Zeit gefundenen Ausdrucks an und nimmt dann die Verwandlung in Stunden und Minuten vor, die nunmehr wahre Greenwicher Zeit darstellen.

Zu beachten: Die nach dieser Methode gefundenen Zeitangaben sind um eine, höchstens zwei Minuten falsch. Da nun für sehr viele chronologische Rechnungen eine derartige Genauigkeit vollkommen überflüssig ist, so kann man die Rechnung in solchen Fällen wesentlich abkürzen, indem man aus „Tafel I" nur T_1, aus „Tafel II" nur T_2 entnimmt und in $T_1 + T_2$ schon die gewünschte Zeitangabe hat, die im schlimmsten Falle etwa

$2\frac{1}{2}$ Stunden von der Wahrheit abweichen, meistens ihr aber beträchtlich näher kommen wird. Eine Umrechnung in wahre Zeit wäre natürlich bei dieser Gelegenheit ganz ohne Wert. — Es mag hier nochmals darauf hingewiesen werden, dafs der Eintritt der Sonne in eines der zwölf Zeichen durch die Schramschen Zodiakaltafel in mittlerer Zeit von Greenwich nach astronomischer Zählweise, d. h. den Tag mit dem Mittage beginnend, gegeben wird. Wünscht man das Datum nach bürgerlicher Zählweise, also den Tag von Mitternacht an gerechnet, ausgedrückt zu haben, so mufs man noch 12 Stunden oder einen halben Tag zu der aus der Schramschen Tafel gefundenen Angabe addieren. Will man die letztere mit einem nach Largeteaus Tafeln berechneten Jahrespunkte vergleichen, so ist noch aufserdem zu berücksichtigen, dafs die Pariser Zeit gegen Greenwicher um 9 Minuten voraus ist.

Beispiele.

1) Wann trat die Sonne in das Zeichen des Widders (♈, 0^0) im Jahre 300 vor Chr. Geb.?

Zu Beginn des Jahres 300 v. Chr. Geb. waren nach Schrams Kalendariographischen Tafeln 1 611 848 Tage der julianischen Periode verflossen, also $T = 1\,611\,848$.

Strenge Rechnung:

	Vertikalkolumne 0^0, ♈.	*A.*	*B.*	*C.*	*D.*	*E.*	*F.*	Säkul.	*t*
„Taf. I": Arg. $T = 1\,611\,848 : T_1 =$	1 596 226.4599	65	31	222	277	286	36	— 285	
„Taf. II": Arg. $T - T_1 = 15\,622 : T_2 =$	15 705.4233	276	334	41	82	291	251		0.43
„Argument *A*": Arg. 341:	11	341	365	263	359	177	287		
„Argument *B*": „ 365:	31								
„Argument *C*": „ 263:	19								
„Argument *D*": „ 359:	6								
„Argument *E*": „ 177:	7								
„Argument *F*": „ 287:	72								
Säkul. $\times t = - 285 \times 0.43$:	— 123								
	1 611 931.8855	= 300 v. Chr. Geb. März 24, $21^h 15^m.1$ mittl. Zeit Greenwich.							
„Korrektion für Zeitgleichung" Arg. $T_1 + T_2$	— 49								
	1 611 931.8806	= 300 v. Chr. Geb. März 24, $21^h 8^m.6$ wahre Zeit Greenwich.							

„Tafel zur Verwandlung"

$0^d.88 =$	$21^h\ 7^m\ 2$
$0^d.0055 =$	7.9
$0^d.8855 =$	$21^h 15^m.1$

Genäherte Rechnung:

		Vertikalkolumne 0^0, ♈.
„Tafel I": Arg. T	$= 1611848$:	$T_1 = 1596226.4599$
„Tafel II": Arg. $T - T_1 =$	15622 :	$T_2 = 15705.4233$
		$T_1 + T_2 = 1611931.8832$ = 300 v. Chr. Geb. März 24, $21^h 11^m.8$ mittl. Zeit Greenwich; oder: 300 v. Chr. Geb. März 25, $9^h 11^m.8$ bürgerliche Zeit Greenwich.

2) Wann trat die Sonne in das Zeichen des Steinbocks (♑, 270^0) im Jahre 1275 v. Chr. Geb.?

Zu Beginn des Jahres 1275 v. Chr. Geb. waren nach Schrams Kalendariographischen Tafeln 1255729 Tage der julianischen Periode verflossen, also $T = 1255729$.

Strenge Rechnung:

		Vertikalkolumne 270^0, ♑.	A.	B.	C.	D.	E.	F.	Säkul.	t
„Taf. I": Arg. T	$= 1255729$:	$T_1 = 1218474.9307$	309	368	378	206	36	319	$+463$	
„Taf. II": Arg. $T - T_1 =$	37254.1 :	$T_2 = 37254.7251$	208	225	80	158	187	241		1.02
			117	193	58	364	223	160		

„Argument A":	Arg. 117 :	97
„Argument B":	„ 193 :	35
„Argument C":	„ 58 :	17
„Argument D":	„ 364 :	15
„Argument E":	„ 223 :	11
„Argument F":	„ 160 :	67
Säkul. $\times t = +463 \times 1.02$:		$+472$
		1255729.7272 = 1276 v. Chr. Geb. Dezember 31, $17^h 27^m.2$ mittl. Zeit Greenwich.
„Korrektion für Zeitgleichung"	Arg. $T_1 + T_2$:	-36
		1255729.7236 = 1276 v. Chr. Geb. Dezember 31, $17^h 22^m.0$ wahre Zeit Greenwich.

„Tafel zur Verwandlung".

$0^d.72$	$= 17^h 16^m.8$
$0^d.0072$	$= 10^m.4$
$0^d.7272$	$= 17^h 27^m.2$

Genäherte Rechnung:

		Vertikalkolumne 270^0, ♑.
„Tafel I": Arg. T	$= 1255729$:	$T_1 = 1218474.9307$
„Tafel II": Arg. $T - T_1 =$	37254.1 :	$T_2 = 37254.7251$
		$T_1 + T_2 = 1255729.6558$ = 1276 v. Chr. Geb. Dezember 31, $15^h 44^m.4$ mittl. Zeit Greenwich. oder: 1275 v. Chr. Geb. Januar 1, $3^h 44^m.4$ bürgerliche Zeit Greenwich.

Berechnung der Länge der Sonne für ein gegebenes Datum.

(Siehe: Erster Teil, Seite 10.)

Berechnung mit Hülfe von Schrams Zodiakaltafel.

Gegeben: Das Datum D (Jahr, Tag und Stunde) eines beliebigen Kalenders.

Gesucht: Die Länge λ, welche die Sonne am Datum D hatte.

Man verwandelt Jahr und Tag des Datums D mit Hülfe von Schrams „Kalendariographischen Tafeln" in die entsprechende Anzahl von julianischen Tagen (Berechnungsart siehe Seite 57), ferner Stunden und Minuten durch $\left\{\begin{matrix}\text{Addition}\\ \text{Subtraktion}\end{matrix}\right\}$ der $\left\{\begin{matrix}\text{west-}\\ \text{öst-}\end{matrix}\right\}$lichen Länge von Greenwich, des Ortes, auf dessen Meridian sich die Angabe bezieht, in mittlere Zeit Greenwich, und diese so gefundene Zeit drückt man mit Hülfe der auf der fünften Seite der „Zodiakaltafel" stehenden „Tafel zur Verwandlung der Dezimalen des Tages in Stunden und Minuten" in Dezimalen des Tages aus, welche man der gefundenen Anzahl julianischer Tage anhängt. Diese so ermittelte Angabe muſs nun noch in die astronomische Zählweise der Tage von Mittag ab umgerechnet werden, was durch Subtraktion von 0,25 oder 0,50 oder 0,75 Tagen geschieht, je nachdem der Kalender, auf welchen sich D bezieht, den Tagesanfang mit Sonnenaufgang, Mitternacht oder Sonnenuntergang annimmt. Hat man so die Anzahl T der julianischen Tage, die D entspricht, gefunden, so sucht man in der ersten mit „0^0 ♈ Aries" überschriebenen Kolumne von „Tafel I" (der „Zodiakaltafel") die zu T nächst niedrigere Zahl t_1 und bildet $T - t_1$, zu welcher Differenz man in der ersten Spalte von „Tafel II" die nächst niedrigere Angabe t_2 aufsucht. Mit der Differenz $T - t_2$ geht man wieder in „Tafel I" und zwar in diejenige Horizontalreihe ein, an deren Spitze t_1 steht, und sucht die beiden Zahlen, welche $T - t_2$ gerade einschlieſsen. Die Überschriften der beiden vertikalen Kolumnen, in welchen diese Zahlen stehen, geben zwei der himmlischen Zeichen oder die denselben entsprechenden Längen λ_1 und λ_2, wobei λ_1 der Zahl entsprechen soll, die kleiner als $T - t_2$ ist. Man rechnet nun nach dem auf Seite 73 ff. besprochenen Verfahren aus, wann die Sonne in dem D entsprechenden Jahre die Längen λ_1 und λ_2

erreichte, und findet die zwei Angaben julianischer Tage (mit den Dezimalstellen) T_1 und T_2. Dann ist die dem Datum D entsprechende Sonnenlänge

$$\lambda = \lambda_1 + (\lambda_2 - \lambda_1) \cdot \frac{(T - T_1)}{(T_2 - T_1)}$$

ausgedrückt in ganzen Graden und Dezimalteilen des Grades, welche letzteren man — wenn erforderlich — mit Hülfe der in Wislicenus' Tafeln enthaltenen „Tafel I. Zur Verwandlung von Bogenminuten und -Sekunden in Dezimalteile des Grades und umgekehrt“ leicht in Bogenminuten und -Sekunden umrechnen kann.

Zu beachten: Der obigen Formel für λ liegt die Annahme zu Grunde, daſs die Sonnenlänge sich der Zeit proportional ändert, eine Annahme, die in Wirklichkeit nicht vollkommen richtig ist, doch wird der dadurch für λ bedingte Fehler stets nur wenige Bogensekunden betragen. Das Verfahren liefert also Werte, die für alle chronologischen Zwecke eine mehr als hinreichende Genauigkeit haben und selbst für die meisten astronomischen Zwecke (Verwertung alter Beobachtungen etc.) genügen werden. — Die Differenz $\lambda_2 - \lambda_1$ wird meistens ein Zeichen, also 30^0, umfassen; nur für den Fall, daſs zufällig $T - t_2$ mit einer der Zahlen in „Tafel I“ nahezu übereinstimmen sollte, wird man die Differenz von $\lambda_2 - \lambda_1$ zu zwei Zeichen oder 60^0 annehmen. — Bei der Berechnung von T_1 und T_2 hat man mit den aus „Tafel I“ entnommenen Werten aus „Tafel II“ die schon vorher ermittelte Zahl t_2 und die auf derselben Horizontalreihe stehenden Gröſsen zu verbinden, braucht also nach diesen nicht besonders erst zu suchen. — Zur Berechnung von

$$(\lambda_2 - \lambda_1) \cdot \frac{(T - T_1)}{(T_2 - T_1)}$$

werden — wenn man die logarithmische Berechnung wählt — im allgemeinen fünfstellige Logarithmen genügen und nur bei Erstreben der äuſsersten Genauigkeit wird man sechsstellige anwenden.

Beispiel.

Welche Länge hatte die Sonne am 28. Juni 432 v. Chr. Geb. (julianischer Kalender) 12 Uhr mittags in Athen?

Da die östliche Länge von Greenwich für Athen $1^h\,35^m$ beträgt, so ist: — 431 Juni 28, $12^h\,0^m$ bürgerliche Zeit Athen = — 431 Juni 28, $10^h\,25^m$ bürgerliche Zeit von Greenwich.

Schrams „Kalendariographische Tafeln" geben: — 431 Juni 28 = 1563814 julianische Tage. Die „Tafel zur Verwandlung von Dezimalen des Tages in Stunden und Minuten" liefert

$$\begin{array}{r} 10^h\,19^m.2 = 0.43 \\ 5^m.8 = 0.0040 \\ \hline 10^h\,25^m.0 = 0.4340 \end{array}$$

also: — 431 Juni 28, $10^h\,25^m.0$ bürgerliche Zeit Greenwich $\}$ = 1563814.4340

Da im julianischen Kalender der Tag um Mitternacht anfängt, so ist noch ein halber Tag zu subtrahieren $\}$ — 0.50

$$T = 1563813.9340$$

In der ersten Kolumne von „Taf. I" findet man $t_1 = 1554223.6$

$$T - t_1 = 9590.3$$

Die nächst niedrige Zahl dazu in „Taf. II" ist $t_2 = 9496.3025$

$$T - t_2 = 1554317.6315$$

Die $T - t_2$ in der Horizontalreihe von t_1 einschließenden Zahlen in „Tafel I" lauten 1554286.2629 und 1554317.7445; erstere steht in der Kolumne des Zeichens ♊ oder $\lambda_1 = 60^0$, letztere in der des Zeichens ♋ oder $\lambda_2 = 90^0$. Rechnet man die Eintrittszeiten der Sonne im Jahre — 431 in diese beiden Zeichen aus, so findet man $T_1 = 1563782.5600$ und $T_2 = 1563814.0424$. Dann ist $\lambda_2 - \lambda_1 = 30^0$, $T - T_1 = 31.3740$, $T_2 - T_1 = 31.4824$.

$$\begin{array}{rl} \log\ 30^0 & = 1.47712 \\ \log\ 31.3740 & = 1.49657 \\ \log\ 31.4824 & = 1.49807 \\ \hline \log \frac{30 \times 31.3740}{31.4824} & = 1.47562 \end{array} \qquad \begin{array}{r} \lambda_1 = 60^0.0000 \\ + (\lambda_2 - \lambda_1)\frac{(T - T_1)}{(T_2 - T_1)} = 29^0.8964 \\ \hline \lambda = 89^0.8964 \end{array}$$

Tafel I in den Wislicenus'schen Tafeln ergiebt:

$$\begin{array}{rl} 0^0.89 & = 53'\,24'' \\ 0^0.0064 & = 23''.0 \\ \hline 0^0.8964 & = 53'\,47''.0 \end{array}$$

Im Jahre 432 vor Chr. Geb. am 28. Juni mittags 12 Uhr bürgerliche Zeit von Athen hatte die Sonne eine Länge von

$89^0\ 53'\ 47''.0.$

Eine strenge Rechnung nach Leverriers Tafeln würde ergeben $\lambda = 89^0\ 53'\ 45''.4.$

Berechnung von Tag und Stunde, an welchen die Sonne in einem bestimmten Jahre eine gegebene Länge erreicht.

(Siehe: Erster Teil, Seite 10.)

Berechnung mit Hülfe von Schrams Zodiakaltafel.

Gegeben: Die Sonnenlänge λ im Jahre J.

Gesucht: Das Datum D (Tag und Stunde) im Jahre J, an welchem die Sonne die Länge λ erreicht.

Man rechnet für die beiden himmlischen Zeichen, welche mit den ihnen entsprechenden Längen λ_1 und λ_2 die gegebene Sonnenlänge λ einschliefsen, den Eintritt der Sonne im Jahre J nach dem auf Seite 73 ff. erläuterten Verfahren aus und findet so die beiden in julianischen Tagen und Dezimalen ausgedrückten Zeitangaben T_1 und T_2, von denen T_1, welche der Länge λ_1 entspricht, unter welcher immer die kleinere der beiden Längen verstanden werden soll, auch die frühere Zeit angiebt. Dann ist die der Sonnenlänge λ entsprechende Zahl T von julianischen Tagen und den Dezimalen gleich dem Ausdruck

$$T = T_1 + (T_2 - T_1) \cdot \frac{(\lambda - \lambda_1)}{(\lambda_2 - \lambda_1)},$$

welchen Wert T man mit Hülfe von Schrams Kalendariographischen Tafeln in die Angabe D eines beliebigen Kalenders umsetzen kann, während man die Dezimalen des Tages mittelst der der Zodiakaltafel angehängten Verwandlungstabelle in Stunden und Minuten mittlerer Zeit Greenwich umrechnet. Dabei ist wohl zu beachten, dafs der gefundene Wert T zwar in mittlerer Zeit Greenwich, aber in astronomischer Zählweise, d. h. den Tag mit dem Mittag beginnend, ausgedrückt ist, man mufs also, ehe man ihn in eine Kalenderangabe verwandelt, 0,25 oder 0,50 oder 0,75 Tage addieren, jenachdem in dem gewünschten Kalender der Tag von Sonnenaufgang, von Mitternacht oder von Sonnenuntergang ab gezählt wird.

Zu beachten: Die Genauigkeit der Bestimmung von T ist eine etwas geringere als die für das Eintreten der Sonne in eines der Zeichen selbst, da die der obigen Formel zugrunde liegende Annahme, dafs die Sonnenlänge sich der Zeit proportional ändere, nicht vollkommen richtig ist. Im ungünstigsten Falle dürfte der Wert von T etwa 5 Minuten von der Wahrheit abweichen, also auch für die meisten astronomischen Zwecke noch eine hinreichende Genauigkeit haben. — Ist das gegebene λ gröfser als 330°, so ist die Rechnung für die beiden Zeichen ♓ (Fische) und ♈ (Widder) auszuführen, wobei dann natürlich für die dem letzteren entsprechende Länge λ_2 nicht 0°, sondern 360° zu schreiben ist. — Zur Berechnung der Formel genügen fünfstellige Logarithmen, wenn man nicht vorzieht, den Ausdruck direkt auszurechnen, was durch den Umstand, dafs der Nenner stets gleich 30 ist, sehr vereinfacht wird.

Beispiel.

An welchem Datum nach julianischem Kalender erreichte die Sonne im Jahre 139 nach Chr. Geb. die Länge $\lambda = 115^0.646$?

Die Länge $\lambda = 115^0.646$ liegt zwischen den beiden Längen $\lambda_1 = 90^0$ und $\lambda_2 = 120^0$, welche den Zeichen ♋ und ♌ entsprechen, in welche die Sonne im Jahre + 139 zu den Zeiten $T_1 = 1772001{,}8498$ und $T_2 = 1772033{,}1653$ trat. Es ist also

$$T_2 - T_1 = 31.3155, \quad \lambda - \lambda_1 = 25.646, \quad \lambda_2 - \lambda_1 = 30, \text{ daher}$$

$$T = 1772001{,}8498 + 31.3155 \cdot \frac{25.646}{30} = 1772001.8498 + 26{,}7706$$

$$\begin{aligned} \log 31.3155 &= 1.49576 \\ \log 25.646 &= 1.40902 \\ \log 30 &= 1.47712 \\ \hline \log 31.3155 \cdot \frac{25.646}{30} &= 1.42766 \end{aligned}$$

$$\begin{aligned} T &= 1772028.6204 \\ + & \quad 0.50 \\ \hline & 1772029.1204 \end{aligned}$$

(im julianischen Kalender beginnt der Tag um Mitternacht.)

1772029.1204, d. h. 139 n. Chr. Geb. am 21. Juli $2^h\,53.^m4$ bürgerliche Zeit Greenwich.

Berechnung von Rektascension und Deklination der Sonne sowie genäherter Werte für Zeitgleichung und Sternzeit im mittleren Mittag.

(Siehe: Erster Teil, Seite 21—23.)

Berechnung mit Hülfe von Wislicenus' Tafeln und Schrams Zodiakaltafel.

Gegeben: Die Sonnenlänge λ für den mittleren Mittag eines gegebenen Ortes an einem bestimmten Tage.

Gesucht: Die Rektascension A und Deklination Δ der Sonne, sowie die Zeitgleichung w und die Sternzeit im mittleren Mittag ϑ_0.

Die Berechnung von A und Δ wird mittelst der Wislicenusschen Tafeln in folgender Weise ausgeführt. Zunächst ermittelt man für das Jahr, auf welches sich das gegebene λ bezieht, die mittlere Schiefe der Ekliptik ε mit Hülfe der „Tafeln II A und B"; erstere giebt ε für die vollen Jahrhunderte, während „Tafel II B" die Änderungen von ε in 1 bis 100 Jahren zeigt. Hierbei kommt es darauf an, ob ein Jahr vor oder nach Chr. Geburt in Frage steht; in ersterem Falle erhalten die Jahre 1 bis 100 das negative Vorzeichen, in letzterem das positive, während die aus „Tafel II B" damit entnommenen Änderungen von ε gerade die entgegengesetzten Vorzeichen haben, d. h. vor Chr. Geburt sind die aus „Tafel II A" gefundenen Werte von ε um die aus „II B" sich ergebenden Änderungen zu vergröſsern, nach Chr. Geburt zu verkleinern. Mit dem so gefundenen ε als Horizontal- und dem gegebenen λ als Vertikalargument entnimmt man aus „Tafel V"*) die Rektascension A und aus „Tafel IV" die Deklination Δ der Sonne. Dabei sind die oben auf Seite 52 ff. gegebenen Vorschriften über die Interpolation genau zu berücksichtigen, und ferner ist zu beachten, daſs wenn λ gröſser als 90^0 wird, man den Winkel nicht selbst als Argument braucht, sondern statt dessen, wenn er im

zweiten Quadranten, also zwischen 90^0 und 180^0 liegt, seine Ergänzung zu 180^0,

dritten Quadranten, also zwischen 180^0 und 270^0 liegt, seinen Überschuſs über 180^0,

vierten Quadranten, also zwischen 270^0 und 360^0 liegt, seine Ergänzung zu 360^0.

Die Sonnenrektascension A liegt stets im gleichen Quadranten wie λ und kann von diesem höchstens um $2^0.5$ verschieden sein.

---

*) In „Tafel V" befindet sich folgender Druckfehler: Für $\varepsilon = 23^0.6$ und $\lambda = 86^0$ muſs der Tafelwert 85.636 statt 84.636 heiſsen.

Nun ergiebt sich Winkel A aus „Tafel V“ direkt stets kleiner als 90^0; diesen direkt gefundenen Wert mufs man

von 180^0 subtrahieren, wenn A im zweiten Quadranten, also zwischen 90^0 und 180^0,

zu 180^0 addieren, wenn A im dritten Quadranten, also zwischen 180^0 und 270^0,

von 360^0 subtrahieren, wenn A im vierten Quadranten, also zwischen 270^0 und 360^0

liegen soll; nur wenn λ im ersten Quadranten, also zwischen 0^0 und 90^0 liegt, ist der aus „Tafel V“ direkt gefundene Wert gleich dem gesuchten A. Die Sonnendeklination Δ kann höchstens die Gröfse von ε erreichen und hat das positive oder negative Vorzeichen, jenachdem λ zwischen 0^0 und 180^0 oder zwischen 180^0 und 360^0 liegt. Die Genauigkeit, mit welcher man A und Δ findet, hängt lediglich von der Genauigkeit ab, mit welcher λ für den betreffenden Zeitpunkt gegeben ist.

Eine genaue Berechnung der Zeitgleichung w und der Sternzeit im mittleren Mittag ϑ_0 für einen beliebigen Ort auf der Erde, kann nur mit Hülfe von Leverriers Tables du soleil oder von Stürmers Sonnentafeln vorgenommen werden. Da jedoch diese beiden Berechnungsarten ziemlich umständlich sind und man vielfach nur genäherter Werte der beiden Gröfsen bedürfen wird, so kann man sich diese letzteren auf sehr einfache Weise mittelst Schrams Zodiakaltafel verschaffen. Diese enthält Tafeln mit der Überschrift „Korrektion für Zeitgleichung“, welche die Zeitgleichung im Sinne: (wahre Zeit — mittlere Zeit) von 42000 zu 42000 julianischen Tagen und für alle 12 Zeichen also von 30^0 zu 30^0 Länge geben. Aus diesen Tabellen interpoliert man mit λ als Horizontal- und der Anzahl julianischer Tage als Vertikalargument die Zeitgleichung w in Zehntausendsteln des Tages ausgedrückt und verwandelt dieselbe mittelst der auf der folgenden Seite stehenden „Tafel zur Verwandlung der Dezimalen des Tages in Stunden und Minuten“ in Zeitminuten und deren Dezimalen, welche letzteren man durch Multiplikation mit 60 leicht in Zeitsekunden umrechnen kann. Bei der Entnahme von w aus der Tafel braucht man nur in horizontaler Richtung — also inbezug auf λ — genau zu interpolieren, in vertikaler Richtung sind die Änderungen von w so langsame, daſs ein einfacher Überblick sofort die richtigen Werte finden läſst. — Um die Sternzeit im mittleren Mittag ϑ_0 zu finden, verwandelt man die in Bogenmaſs ausgedrückte Sonnenrektascension A durch Division mit 15 in Stunden und deren Dezimalteile und diese letzteren wieder durch Multiplikation mit 60 in Zeitminuten und -Sekunden. An dieses so umgeformte A bringt man die Zeitgleichung w mit dem Vorzeichen, welches die Tafel giebt, an, der resultierende Wert ist ϑ_0, die gesuchte Sternzeit im mittleren Mittag. Der auf diese Weise gefundene Wert von w kann bis auf eine halbe Zeitminute fehlerhaft sein, und eine gleiche Ungenauigkeit wird infolge dessen auch ϑ_0 anhaften.

Zu beachten: Es ist gesagt, daſs λ die Sonnenlänge für den mittleren Mittag eines bestimmten Beobachtungsortes in der vorliegenden Aufgabe bedeuten soll, und das ist auch notwendig, sobald es sich um die Berechnung von Zeitgleichung und Sternzeit im mittleren Mittag des Beobachtungsortes handelt. Kommt es jedoch nur auf die Bestimmung von Sonnenrektascension und -Deklination an, so kann man natürlich jede für eine beliebige Tageszeit geltende Sonnenlänge mittelst der Wislicenusschen Tafeln in A und $\varDelta$ verwandeln. Hat man die Sternzeit im mittleren Mittag ϑ_0 für einen bestimmten Ort berechnet, so kann man die Sternzeit im mittleren Mittag eines anderen Ortes, dessen in Zeit ausgedrückte Längendifferenz gegen den ersten l beträgt, für denselben Tag bestimmen, indem man ϑ_0 um $(3^m\,56.^s555)\,\frac{l}{24^h}$ vermehrt oder vermindert, jenachdem der zweite Ort von dem ersten westlich oder östlich liegt.

Beispiel.

Im Jahre 432 vor Chr. Geb. am 28. Juni ist im mittleren Mittag von Athen die Länge der Sonne $\lambda = 89^0{,}8964$, wie in dem Beispiel auf Seite 79 u. 80 berechnet worden ist; wie groſs ist nun die Rektascension A und Deklination $\varDelta$ der Sonne, sowie die Zeitgleichung w und die Sternzeit im mittleren Mittag ϑ_0 für Athen an diesem Tage?

— 431 Juni 28 = 1563814 julianische Tage.

Wislicenus' Tafeln:

Tafel II A: Argument	-400:	$\varepsilon = 23^0.7491$
„ II B: Argument	-31: Änderung	$= +0.0040$
Mittlere Schiefe der Ekliptik für	-431:	$\varepsilon = 23^0.7531$

	Vertikalargument	Horizontalarg.	
Tafel V:	$\lambda = 89^0.896$,	$\varepsilon = 23^0.753$:	$A = 89^0.887$
„ IV:	$\lambda = 89.896$,	$\varepsilon = 23.753$:	$\Delta = +23^0.753$

Schrams Zodiakaltafel: „Korrektion für Zeitgleichung“:

Vertikalarg. 1563814, Horizontalarg. $\lambda = 89^0.896$: $w = +0.0029$.

Die „Tafel zur Verwandlung von Dezimalen des Tages in Stunden und Minuten“ giebt: $+0.0029 = +4.^m2 = +4^m\ 12^s$.

$$\frac{A}{15} = 5^h.9925 = 5^h\,59^m\,33.^s0$$

$$\text{Zeitgleichung } w = +\quad 4\ \ 12.0$$

$$\vartheta_0 = 6^h\ \ 3^m\,45.^s0$$ = Sternzeit im mittleren Mittag von Athen.

Zur Vergleichung über die Genauigkeit der gewonnenen Resultate mögen hier die nach Leverriers Tafeln streng berechneten Werte Platz finden. Es ist also für den

mittleren Mittag von Athen des 28. Juni 432 vor Chr. Geb.

	strenge Rechnung:	genäherte Rechnung:
wahre Rektascension der Sonne A:	$5^h\,59^m\,32.^s7$	$5^h\,59^m\,33^s$
Deklination der Sonne Δ:	$+23^0\,45'\,18''.1$	$+23^0\,45'\,11''$
Zeitgleichung w:	$+\ 3^m\,55.^s3$	$+\ 4^m\,12^s$
Sternzeit im mittleren Mittag ϑ_0:	$6^h\ \ 3^m\,28.^s0$	$6^h\ \ 3^m\,45^s$

Will man für den gleichen Tag die Sternzeit im mittleren Mittag von Rom haben, so mufs man, da Rom eine westliche Länge $l = 45^m = 0.^h75$ von Athen hat, ausrechnen:

$$(3^m\,56.^s555)\cdot\frac{0.75}{24} = 236.^s555 \times 0.0312 = 7.^s4$$

also ist, da die Länge eine westliche ist, die Sternzeit im mittleren Mittag von Rom am 28. Juni 432 v. Chr. Geb. gleich

$$6^h\,3^m\,45^s + 7^s = 6^h\,3^m\,52^s.$$

Genäherte Berechnung der verschiedenen Mondphasen (Syzygien und Quadraturen) für ein gegebenes Jahr.

(Siehe: Erster Teil, Seite 26.)

Berechnung mit Hülfe von Largeteaus Mondtafeln.

Gegeben: Das Jahr J des julianischen oder gregorianischen Kalenders (in astronomischer Schreibweise).

Gesucht: Die Tage, an welchen im Jahre J die Neu- und Vollmonde, die ersten und letzten Viertel eintreten.

Largeteaus Mondtafeln umfassen elf Tabellen, von denen man für die vorliegende Aufgabe nur die I bis IV braucht; von den sechs Gröſsen, welche dieselben jedesmal für ein- und dasselbe Argument liefern, hat man nur die erste aus der mit a überschriebenen Kolumne zu entnehmen. Bis zum 4. Oktober 1582 liegt den Tafeln der julianische Kalender zugrunde, vom 15. Oktober 1582 ab der gregorianische. Die Jahre vor Christi Geburt werden nach astronomischer Weise gezählt, d. h. um eine Einheit gegen die chronologische Zählweise erniedrigt und mit dem negativen Vorzeichen versehen. Die Berechnungsart ist folgende. Man sucht zu dem gegebenen Jahr J das korrespondierende C („année correspondante") im 19. Jahrhundert, welches durch eine volle Anzahl H von Jahrhunderten von J getrennt ist, indem man — wenn J vor Chr. Geb. liegt — die beiden letzten Ziffern von 100 abzieht und den Rest zu 1800 addiert, oder — wenn J nach Chr. Geb. liegt — die beiden letzten Ziffern zu 1800 addiert. Für jedes volle Jahrhundert ist 1900 das korrespondierende Jahr. Z. B.

gegebenes Jahr J:	-2127	-1100	$+\ 4$	$+1582$	$+1800$
korrespond. Jahr C:	1873	1900	1804	1882	1900
volle Jahrhunderte H:	40	30	18	3	1

Mit H als Argument geht man in Tafel I ein und entnimmt aus dieser den mit H auf gleicher Horizontalreihe stehenden Wert aus der mit a überschriebenen Vertikalkolumne, wobei zu beachten ist, daſs sich für den Wert $H = 3$ zwei Angaben für a finden, jenachdem das Jahr J nach julianischem oder gregorianischem Kalender angegeben ist; in ersterem Falle hat man „3 J." in letzterem „3 G." als Argument für Tafel I zu nehmen.

Aus Tafel II findet man mit J als Argument einen zweiten Wert von a. J ist immer nur von 100 zu 100 Jahren angegeben, doch ändert sich a innerhalb dieses Zeitraumes höchstens um 7 Einheiten, sodaſs die Interpolation ganz einfach ist. Endlich giebt Tafel III mit dem Argument C direkt einen dritten Wert für a. Man addiert die drei aus den Tafeln I, II und III gefundenen Werte von a und zieht die Summe ab von

10000, wenn es sich um die Berechnung von Neumonden handelt.
2500 oder 12500, wenn es sich um die Berechnung von ersten Vierteln handelt.
5000 „ 15000, wenn es sich um die Berechnung von Vollmonden handelt.
7500 „ 17500, wenn es sich um die Berechnung von letzten Vierteln handelt.

In den letzten drei Fällen sind die um 10000 gröſeren zweiten Zahlen zu nehmen, wenn die obige Summe der drei Werte für a gröſser als 2500 bez. 5000 bez. 7500 ist. Mit dem Rest D, der bei der Subtraktion bleibt, geht man als Argument in Tafel IV ein. Diese zerfällt in 12 ganz gleich geformte Abteilungen, von denen jede einen der Monate als Überschrift trägt. Man geht nun mit der gefundenen Differenz D in die mit a überschriebene Kolumne ein und sucht hier den mit der Differenz übereinstimmenden oder — wenn ein solcher wie in den meisten Fällen nicht vorhanden ist — den nächstniedrigen Wert auf. Die mit diesem auf gleicher Horizontalreihe in der ersten oder zweiten Kolumne dieser Abteilung — in der ersten, wenn das gegebene Jahr J ein gemeines (année commune), in der zweiten, wenn es ein Schaltjahr (année bissextile) ist — stehende Zahl giebt den Tag an in dem als Überschrift dienenden Monat, an dem die fragliche Mondphase eintrat. Ob das Jahr J ein Schaltjahr ist oder nicht, entscheidet man beim julianischen Kalender und astronomischer Schreibweise durch die Division mit 4; geht die Division auf, so ist das Jahr ein Schaltjahr. Im gregorianischen Kalender gilt dieselbe Regel, nur sind die vollen Jahrhunderte nur dann Schaltjahre, wenn sie durch 400 ohne Rest teilbar sind. Bei chronologischer Schreibweise der Jahre vor Christi Geburt zeigt der Rest 1, der bei der Division der Jahreszahl durch 4 bleibt, an, dafs das betreffende Jahr ein Schaltjahr ist. In vorliegendem Falle ergiebt sich die Entscheidung dafür, ob *J* ein Schaltjahr ist oder nicht, am einfachsten aus Tafel III, welche das zu *J* korrespondierende Jahr *C* als Argument hat, und bei der durch ein hinter das Argument gesetztes „*B*“ angezeigt ist, wenn *C* ein Schaltjahr (année bissextile) ist. Ist aber *C* ein Schaltjahr, so ist auch *J* ein solches. Dabei ist nur zu bemerken, dafs der letzte Argumentwert von Tafel III, nämlich 1900, durch ein dahinterstehendes *C* als Gemeinjahr (année commune) bezeichnet ist, wie es ja für den gregorianischen Kalender sein mufs, selbstverständlich sind im julianischen Kalender bei astronomischer Schreibweise der vorchristlichen Jahre alle vollen Jahrhunderte Schaltjahre; nach der gregorianischen Kalenderreform ist nur 1600 ein solches.

Zu beachten: Es kann sehr wohl vorkommen, dafs man in einer der 12 Abteilungen von Tafel IV gar keinen der erwähnten Differenz *D* entsprechenden oder nächstniedrigen Wert findet, dann tritt eben in diesem Monat die betreffende Phase gar nicht ein; man wird dann in der vorhergehenden oder nachfolgenden Abteilung zwei jener Differenz *D* entsprechende Angaben finden, d. h. es tritt in dem als Überschrift dienenden Monat die zu berechnende Phase zweimal ein. Da zwei aufeinander folgende Werte in der Vertikalkolumne *a* von Tafel IV eine Differenz von 338 oder 339 haben, so darf die zwischen *D* und dem nächstniedrigen Wert in der Tafel bestehende Differenz höchstens 337 oder 338 betragen, worauf zu achten ist, wenn der in einer Kolumne *a* gefundene nächstniedrige Wert zu *D* etwa der unterste ist. Ist in einem solchen Falle *D* um mehr als 337 oder 338 gröfser als der Endwert, so ist das ein Zeichen dafür, dafs man in die Abteilung für den folgenden Monat übergehen mufs. — Die auf die angegebene Weise berechneten Daten sind nur genäherte und können sehr wohl um 1 bis 2 Tage falsch sein; sie werden in den meisten Fällen auch ja nur dazu dienen, um erst einen ungefähren Anhalt über das Datum zu haben, auf welchem sich dann leicht eine genauere Berechnung gründen läfst. Für die neuere Zeit wird man der Berechnung der Daten durch die astronomischen Jahrbücher überhoben, welche dieselben für das ganze Jahr genau berechnet geben. Solche Jahrbücher sind: die „Connaissance des Temps", welche seit 1679, „The Nautical Almanac", welcher ungefähr schon ebensolange, und das „Berliner Astronomische Jahrbuch", welches seit 1775 erscheint. In Largeteaus Mondtafeln ist der Tag von Mitternacht ab gezählt. Die Tafel I derselben zerfällt in zwei Teile, nämlich: Siècles antérieurs au 19e" und „Siècles postérieurs au 19e", von denen der zweite, nach dem was über die Jahrbücher eben gesagt wurde, wohl nie angewendet werden wird.

Beispiel.

An welchen Tagen traten im Jahre 300 vor Chr. Geb. die Neu- und Vollmonde, sowie die ersten und letzten Viertel ein?

$J = 300$ v. Chr. Geb. $= -299$, $C = 1801$, $H = 21$

			a
Tafel I	Argument	: $H =$ 21	: 4913
„ II	„	: $J = -299$	: 36
„ III	„	: $C =$ 1801	: 5018
		Summe	: 9967

J ist kein Schaltjahr, da die Division von 299 mit 4 nicht aufgeht, auch steht in Tafel III neben 1801 kein „B".

10000 — 9967 = 33 = D Daten der Neumonde im Jahre —299:	12500 — 9967 = 2533 = D Daten der ersten Viertel im Jahre —299:	15000 — 9967 = 5033 = D Daten der Vollmonde im Jahre —299:	17500 — 9967 = 7533 = D Daten der letzten Viertel im Jahre —299:
Januar 1	Januar 8	Januar 15	Januar 23
Januar 30	Februar 7	Februar 14	Februar 21
März 1	März 8	März 15	März 23
März 30	April 7	April 14	April 21
April 29	Mai 6	Mai 13	Mai 21
Mai 28	Juni 5	Juni 12	Juni 19
Juni 27	Juli 4	Juli 12	Juli 19
Juli 26	August 3	August 10	August 17
August 25	September 1	September 9	September 16
September 23	Oktober 1	Oktober 8	Oktober 16
Oktober 23	Oktober 30	November 7	November 14
November 21	November 29	Dezember 6	Dezember 14
Dezember 21	Dezember 28		

Genaue Berechnung genähert bekannter Mondphasen (Syzygien und Quadraturen) für ein gegebenes Jahr.

(Siehe: Erster Teil, Seite 26.)

Gegeben: Der Tag t des Monats M im Jahre J des julianischen oder gregorianischen Kalenders (in astronomischer Schreibweise), an welchem wahrscheinlich ein Neu- oder Vollmond, erstes oder letztes Viertel eintrat.

Gesucht: Stunde und Minute des Tages t oder eines benachbarten Tages t' im Monat M, zu welchen im Jahre J die fragliche Mondphase wirklich eintrat.

I. Berechnung mit Hülfe von Largeteaus Mondtafeln.

Largeteaus Mondtafeln umfassen elf Tabellen, von denen die ersten fünf jede mit ihrem Argument sechs Werte, nämlich je einen für die Gröfsen a, b, c, d, e und f, liefern, die in ebensoviel Vertikalkolumnen nebeneinander aufgeführt sind. Die Tafeln VI bis XI dagegen sind nur zur Entnahme je eines Wertes eingerichtet. Bis zum 4. Oktober 1582 liegt den Tafeln der julianische, vom 15. Oktober 1582 ab der gregorianische Kalender zugrunde. Die Jahre vor Christi Geburt werden nach astronomischer Weise gezählt, d. h. um eine Einheit gegen die chronologische Schreibart vermindert und mit dem negativen Vorzeichen versehen. Die Berechnung stellt sich folgendermafsen. Man sucht zu dem gegebenen Jahr J das korrespondierende C („année correspondante") im 19. Jahrhundert, welches durch eine volle Anzahl H von Jahrhunderten von J getrennt ist, indem man — wenn J vor Chr. Geb. liegt — die beiden letzten Ziffern von 100 abzieht und den Rest zu 1800 addiert, oder — wenn J nach Chr. Geb. liegt — die beiden letzten Ziffern zu 1800 addiert. Z. B.

gegebenes Jahr J:	−1835	−700	−5	+5	+1531 ·	+1600
korrespond. Jahr C:	1865	1900	1895	1805	1831	1900
volle Jahrhunderte H:	37	26	19	18	3	3

Aus den Beispielen ist auch ersichtlich, dafs für jedes volle Jahrhundert das Jahr 1900 das korrespondierende ist. Aus

Tafel I nimmt man nun die mit dem Argument H auf gleicher Horizontalreihe stehenden Werte der sechs Gröfsen a, b, c, d, e und f, wobei zu bemerken ist, dafs das Argument $H = 3$ zweimal vorkommt; der obere Wert $H = 3\,J$ ist zu nehmen, wenn das gegebene Datum vor dem 4. Oktober 1582 liegt, dagegen kommt $H = 3\,G$ zur Anwendung, wenn das gegebene Datum schon dem gregorianischen Kalender angehört. In den obigen Beispielen kommt der Wert $H = 3$ zweimal vor; es müfste für den ersten, der dem Jahre + 1531 entspricht, bei der Benutzung von Tafel I „3 J“, für den zweiten, + 1600 entsprechenden, dagegen „3 G“ genommen werden. Das gegebene Jahr J bildet das Argument für Tafel II, aus welcher man für dasselbe je einen weiteren Wert der Gröfsen a bis f findet, welche man unter die aus Tafel I ermittelten schreibt. Das Argument von Tafel II schreitet von 100 zu 100 Jahren fort, sodafs man J dazwischen interpolieren mufs, doch ändern sich die Gröfsen von a, b, c, d, e und f innerhalb 100 Jahren so wenig, dafs von einer eigentlichen Interpolation nicht die Rede sein kann, sondern dafs man mit einem Blick die richtigen Werte für das gegebene J findet. — Tafel III liefert durch die mit dem zu J korrespondierenden Jahre C auf gleicher Horizontalreihe stehenden sechs Zahlen je einen weiteren Wert für a bis f, die unter die früheren zu schreiben sind. Zugleich notiert man, ob neben dem Argument C sich der Buchstabe „B“ findet, wodurch angedeutet wird, dafs C und damit auch J ein Schaltjahr (année bissextile) ist. Hierzu ist zu bemerken, dafs neben dem letzten Argumentwert von Tafel III, nämlich 1900, ein C steht, was andeuten soll, dafs dieses Jahr ein Gemeinjahr (année commune) ist. Selbstverständlich sind jedoch alle vollen Jahrhunderte (in astronomischer Schreibweise) des julianischen Kalenders, zu welchen 1900 das korrespondierende ist, Schaltjahre; im gregorianischen Kalender ist bekanntlich nur 1600 ein solches, 1700, 1800 und 1900 dagegen sind Gemeinjahre. Tafel IV zerfällt in zwölf ganz gleiche Abteilungen, welche den Monaten entsprechen. Man sucht diejenige derselben auf, welche den gegebenen Monat M als Überschrift trägt, und geht mit t als Argument in die erste oder zweite Vertikalkolumne ein, jenachdem das gegebene Jahr J ein Gemein- oder Schaltjahr ist. Mit t

auf gleicher Horizontalreihe stehen sechs weitere Werte für a bis f. Man addiert nun die aus den Tafeln I bis IV gefundenen je vier Werte für die Größen a bis f, läßt jedoch bei der Summe für a eventuell die Zehntausender, bei den Summen für b bis f eventuell die Tausender weg, wenn die fraglichen Additionen so große Werte ergeben. Mit der Summe a als Argument („Arg.“) geht man in Tafel VI ein und entnimmt den dazu gehörigen Tafelwert („Equ.“). Ganz entsprechend findet man mit den Summen b, c, d und e als Argumenten aus den Tafeln VII, VIII, IX und X je einen Tafelwert. Die Argumente schreiten in Tafel VI von 100 zu 100, in den übrigen vier Tafeln von 10 zu 10 Einheiten fort, doch ändern sich die Tafelwerte so wenig, daß eine eigentliche Interpolation nicht nötig wird, da ein Überblick sofort den richtigen Tafelwert finden läßt. Diese fünf neuen aus den Tafeln VI bis X gefundenen Werte addiert man zu Summe a und findet so einen definitiven Wert von a, den man

bei Neumond	von	10000 oder 0
beim ersten Viertel	„	2500
bei Vollmond	„	5000
beim letzten Viertel	„	7500

abzieht, wenn er kleiner als diese Zahlen ist, oder von dem man einen dieser vier Werte abzieht, wenn der schließliche Wert von a größer als eine dieser Zahlen ist. Die so gefundene Differenz Δ dient als Argument für Tafel XI, mit welchem man aus derselben eine Anzahl von Stunden und Minuten entnimmt, welche man zu dem Tage t, 0 Uhr mittlere Zeit Paris (den Tag von Mitternacht ab gerechnet), *addiert*, wenn a *kleiner* als eine der vier obigen Zahlen ist; dagegen vom Tage t, 0 Uhr, *subtrahiert*, wenn a *größer* als eine der vier obigen Zahlen ist. Mit anderen Worten: findet man den schließlich aus der Rechnung sich ergebenden Wert von a für eine der genannten vier Phasen $\left\{\begin{matrix}\text{größer}\\ \text{kleiner}\end{matrix}\right\}$ als die oben dahinter geschriebene Zahl, so trat die Phase soviel Stunden und Minuten $\left\{\begin{matrix}\text{vor}\\ \text{nach}\end{matrix}\right\}$ Beginn des Tages t ein, als Tafel XI mit Hülfe des Argument Δ angiebt. Man hat nunmehr eine genauere Zeitangabe für das Eintreten der fraglichen Phase gefunden. Diese kann aber immer noch mehrere Stunden falsch sein, daher mufs man — wenn man eines genaueren Wertes bedarf — die Rechnung teilweise wiederholen. — Die aus Tafel I bis III gefundenen Werte für *a* bis *f* bleiben ungeändert, dagegen mufs man die aus Tafel IV neu interpolieren, wenn das Datum *t* sich als unrichtig herausgestellt hat. Ferner findet man mit den Stunden und Minuten aus Tafel V weitere Werte für die Gröfsen *a* bis *f*. Man addiert nun die aus den Tafeln I bis V gefundenen Werte für die Gröfsen *a* bis *f* und verfährt mit den Summen *a* bis *e* genau wie oben; überhaupt ist von hier ab die Rechnung der eben beschriebenen vollkommen konform. Man findet also schliefslich mit einem neuen Δ aus Tafel XI jetzt eine viel kleinere Zeitdifferenz als das erste Mal, welche man in genau entsprechender Weise an die durch die erste Rechnung gefundene Zeitangabe anbringt. Das schliefsliche Resultat giebt den Eintritt der fraglichen Mondphase in mittlerer Zeit Paris den Tag von Mitternacht ab gerechnet an. —

Die Summe *f*, die bisher nicht erwähnt wurde, dient lediglich dazu, um zu entscheiden, ob bei Neu- oder Vollmond eine Finsternis stattfindet. Bei einem berechneten Neumond ist nämlich eine Sonnenfinsternis

sicher,	wenn *f*	zwischen	924 u. 1000	oder zwischen	0	und	76,
zweifelhaft,	„ *f*	„	894 u. 924	„ „	76	„	106,
unmöglich,	„ *f*	„	106 u. 894 liegt.				

Dagegen ist bei einem berechneten Vollmond eine Mondfinsternis

sicher,	wenn *f*	zwischen	950 u. 1000	oder zwischen	0	und	50,
zweifelhaft,	„ *f*	„	930 u. 950	„ „	50	„	70,
unmöglich,	„ *f*	„	70 u. 930 liegt.				

Man braucht also die Gröfse *f* überhaupt nicht mit zu berücksichtigen, wenn man die Frage nach Finsternissen gar nicht entscheiden will.

Zu beachten: Die Genauigkeit, welche die Largeteauschen Mondtafeln geben, ist eine ziemlich grofse, denn im ungünstigsten Falle kann — nach wiederholter Rechnung — der Fehler noch zwei Stunden betragen, wird in den meisten Fällen aber erheblich geringer sein; die berechneten Werte sind also für die allermeisten chronologischen Bedürfnisse überflüssig genau, ja sie werden selbst für manche astronomischen Zwecke ausreichen. Erwähnt sei noch, daſs Tafel I in zwei Teile zerfällt, nämlich „Siècles antérieurs au 19e“ und „Siècles postérieurs au 19e“. In der Praxis wird man immer nur den ersten Teil brauchen, da Berechnungen für die Zukunft für den Laien nicht vorkommen und für den Astronomen besser nach anderer Methode angestellt werden.

II. Berechnung mit Hülfe von Oppolzers Syzygientafeln.

Oppolzers Syzygientafeln dienen nur zur genauen Bestimmung von Neu- und Vollmonden, jedoch nicht der Quadraturen; dabei geben sie aber auch alle Hülfsgröſsen, die man zur Berechnung von Sonnen- und Mondfinsternissen braucht. Dieser letztere Umstand macht sie etwas umfangreicher, als für den vorliegenden Zweck nötig ist. Für den letzteren braucht man aus den Tafeln nur die mit T und den römischen Ziffern I bis VIII (in den verschiedenen Tabellen durch Indices unterschieden) überschriebenen Kolumnen. Die Berechnungsart ist folgende. Man verwandelt das gegebene Datum (J, M und t) in Tage der julianischen Periode mit Hülfe von Schrams Kalendariographischen Tafeln (Berechnungsart siehe Seite 57). Zur gröſseren Bequemlichkeit sind jedoch die beiden dazu nötigen Tabellen aus Schrams Kalendariographischen Tafeln in den Oppolzerschen Syzygientafeln mit abgedruckt; was bei Schram als „Tafel I“ bezeichnet ist, heiſst bei Oppolzer „Jahrhundert-Tafel“ (Seite [7]), während Schrams „Tafel II“ hier den Namen „Jahrestafel“ (Seite [6]) führt. Hat man die der fraglichen julianischen oder gregorianischen Kalenderangabe entsprechende Anzahl T von Tagen der julianischen Periode gefunden, so entnimmt man damit als Argument aus der Tafel „Empirische Korrektionen“ (Seite [2]—[5]) die Gröſsen $\varDelta T$, $\varDelta$I, $\varDelta$II, $\varDelta$III, $\varDelta$IV, $\varDelta$V, $\varDelta$VI, $\varDelta$VII und $\varDelta$VIII mit ihren Vorzeichen, während man die in den übrigen sieben Kolumnen stehenden Gröſsen ganz unberücksichtigt läſst. In dieser Tafel schreitet das Argument immer von 10000 zu 10000 Tagen vorwärts, doch braucht man keine Interpolation vorzunehmen, sondern nimmt die Werte von ΔT, u. s. w., welche dem Argument entsprechen, das T am nächsten liegt. In der ersten Kolumne der „Cyklen-Tafel" (Seite [8]—[11]) sucht man den zu T nächst niedrigen Wert T_c und entnimmt zugleich die mit diesem auf gleicher Horizontalreihe stehenden Werte von I_c, II_c, III_c, IV_c, V_c, VI_c, VII_c und VIII_c, welche man unter die entsprechenden Gröfsen ΔI, ΔII, u. s. w. schreibt. In der „Periodentafel für Neumonde" (Seite [12]—[17]) sucht man in der ersten Kolumne den der Gröfse $T - T_c$ am nächsten kommenden Wert T_n und entnimmt die mit diesem auf gleicher Horizontalreihe stehenden Werte von I_n, II_n u. s. w. bis VIII_n, welche man wieder entsprechend unter I_c, II_c, u. s. w. schreibt. Hat man nicht einen Neu-, sondern einen Vollmond zu berechnen, so geht man statt dessen in die „Periodentafel für Vollmonde" (Seite [18]—[23]) ein und verfährt mit dieser in genau gleicher Weise, wodurch man die entsprechenden Gröfsen für Vollmonde findet, was durch den Index v statt n ausgedrückt ist. Dann bildet man

$$\Delta I + I_c + I_{n \text{ oder } v} = \text{Argument I}$$
$$\Delta II + II_c + II_{n \text{ oder } v} = \text{Argument II}$$
u. s. w. bis
$$\Delta VIII + VIII_c + VIII_{n \text{ oder } v} = \text{Argument VIII}$$

unter strenger Berücksichtigung der Vorzeichen von ΔI, ΔII, ... bis $\Delta VIII$. Keine dieser Summen darf gröfser als 400 werden; tritt dieser Fall ein, so zieht man einfach 400 davon ab und zwar so oft, als das möglich ist, also statt 413 ist 13 und statt 986 186 zu schreiben. Es sind nun acht Tabellen vorhanden (Seite [24]—[45]), welche der Reihe nach die Überschriften „Argument I", „Argument II", u. s. w. bis „Argument VIII" tragen. Mit jeder der eben gebildeten acht Summen geht man als Argument in diejenige Tafel ein, welche die gleiche Bezeichnung trägt, und interpoliert aus derselben die zugehörigen Werte T_I, T_{II}, u. s. w. bis T_{VIII}, wobei man sich um die übrigen zehn Kolumnen nicht kümmert. Wo die Tafelwerte untereinander gröfsere Differenzen zeigen, sodafs die Interpolation nicht gleich zu überblicken ist, sind zur Erleichterung derselben unter den betreffenden Tafeln Hülfstabellen mit der Bezeichnung „P. p." (Partes proportionales) angebracht, über deren Benutzung in dem Abschnitt über Interpolation bereits das Nötige gesagt ist (siehe Seite 54). In den Tabellen „Argument III“, „Argument IV“, u. s. w. bis Argument VIII“ sind in den Kolumnen „T_{III}“, „T_{IV}“, etc. immer nur die letzten Stellen dieser Gröſsen angegeben, es müſste also z. B. vollständig heiſsen 0.0009 statt 9, oder 0.0075 statt 75, oder 0.0147 statt 147, was bei der späteren Addition wohl zu beachten ist. Um die zweiten in einer Unterabteilung der Kolumne für T_I, T_{II}, u. s. w. stehenden Werte hat man sich nicht zu kümmern. Man bildet nun

$$\varDelta T + T_c + T_{n \text{ oder } v} + T_I + T_{II} + T_{III} + T_{IV} + T_V + T_{VI} + \\ + T_{VII} + T_{VIII}$$

unter strenger Berücksichtigung des Vorzeichens von $\varDelta T$ und zieht von dieser Summe den Wert $T - t$ ab; der Rest ist der Tag t' und die in Dezimalen desselben ausgedrückten Stunden und Minuten, zu welchen der fragliche Neu- oder Vollmond wirklich eintrat. Die Dezimalen verwandelt man mittelst der Tafel „Tagesbruchteile $= d$“ (Seite [7]) in Stunden, Minuten und Zehntel der letzteren, zu welchen am Tage t' des Monats M im Jahre J der gesuchte Neu- oder Vollmond wirklich stattfand. Die Angabe ist in mittlerer Zeit Greenwich den Tag nach astronomischer Art vom Mittag ab gerechnet ausgedrückt.

Um zu entscheiden, ob bei einem Neu- oder Vollmonde eine Finsternis möglich ist, hat man in den „Periodentafeln für Neu- bez. Vollmonde“ die letzte mit „C“ überschriebene Kolumne zu beachten. Steht in derselben in der Horizontalreihe der entnommenen Werte nichts, so findet keine Finsternis statt; dagegen tritt eine solche ein, wenn ein Buchstabe und Zeichen in derselben sich vorfindet, und zwar bedeutet:

c!	centrale	Finsternis	sicher
c?	„	„	fraglich
p!	partielle	„	sicher
p?	„	„	fraglich.

Zu beachten: Die Oppolzerschen Syzygientafeln geben die Zeitpunkte genauer als die Largeteauschen Mondtafeln, schon weil sie auf genaueren Grundlagen beruhen; die gefundenen Werte sind etwa bis auf zwei Minuten genau. Vor den Tafeln Largeteaus haben die von Oppolzer den weiteren Vorzug, daſs sie den gewünschten Moment gleich direkt und nicht erst bei einer wiederholten Rechnung sicher liefern. Dagegen ist bei Oppolzer störend, dafs die Tafeln viel mehr Gröfsen enthalten, als man zur vorliegenden Aufgabe braucht. Will man die durch Largeteaus und Oppolzers Tafeln gefundenen Werte miteinander vergleichen, so mufs man die ersteren um 12 Stunden 9,3 Minuten verkürzen oder die von Oppolzer um ebensoviel erhöhen und so den Unterschied zwischen bürgerlichem und astronomischem Tagesanfang sowie zwischen Pariser und Greenwicher Zeit ausgleichen. Die hier nicht erwähnten Tabellen in Oppolzers Syzggientafeln sind für die vorliegende Aufgabe ohne Belang.

III. Berechnung mit Hülfe von Schrams Tafel zur Berechnung der Mondphasen.

Schrams Tafel zur Berechnung der Mondphasen umfafst nur eine Seite und bildet den Anhang zu den Hülfstafeln für Chronologie von demselben Verfasser. Sie ist im wesentlichen nur eine sehr starke Abkürzung der Oppolzerschen Syzygientafeln, giebt jedoch die Möglichkeit, auch die Quadraturen zu berechnen. Sie zerfällt in vier einzelne Tabellen, die die Überschriften: „Tafel I“, „Tafel II“, „Argument A“, und „Argument B“ tragen. Die Berechnungsart ist folgende. Man verwandelt das gegebene Datum (J, M und t) in die ihm entsprechende Anzahl T von Tagen der julianischen Periode mit Hülfe von Schrams Kalendariographischen Tafeln (Berechnungsart siehe Seite 57). Dann sucht man in „Tafel I“ die zu T nächstniedrige Zahl T_I und entnimmt mit dieser zugleich die auf derselben Horizontalreihe stehenden Gröfsen A_I und B_I. Dann sucht man in „Tafel II“ die $T - T_I$ am nächsten kommende Zahl T_{II} und die dahinter stehenden Werte A_{II} und B_{II}. Mit $A_I + A_{II}$ als Argument geht man in die mit „Argument A“ überschriebene Tabelle ein und interpoliert den dazu gehörigen Tafelwert aus derjenigen Vertikalkolumne, welche die gewünschte Mondphase als Überschrift trägt. Genau so verfährt man mit $B_I + B_{II}$ inbezug auf die mit „Argument B“ bezeichnete Tabelle. Die aus „Argument A“ und „Argument B“ entnommenen Werte addiert man man zu $T_I + T_{II}$ und zieht von dieser Summe $T - t$ ab, der Rest ist der gewünschte Tag t' (und die

Stunden und Minuten in Dezimalen des Tages) des Monats M im Jahre J, an dem die fragliche Mondphase wirklich eintrat. Die Dezimalen des Tages verwandelt man mit der „Tafel zur Verwandlung der Dezimalen des Tages in Stunden und Minuten“, welche zum Schlufs von Schrams Zodiakaltafel steht, in Stunden und Minuten mittlerer Zeit Greenwich, den Tag nach astronomischer Zählweise von Mittag ab gerechnet.

Ob bei einem berechneten Neu- oder Vollmonde eine Finsternis möglich oder sicher ist, wird durch Buchstaben, die in den Kolumnen A_{II} (für Sonnenfinsternisse) und B_{II} (für Mondfinsternisse) hinter den betreffenden Zahlenwerten stehen, angezeigt, und zwar bedeutet für

Sonnenfinsternisse		Mondfinsternisse
a	partielle möglich	α
b	partielle sicher, centrale möglich	β
c	centrale sicher	γ

Zu beachten: Wenn die Summen $A_I + A_{II}$ und $B_I + B_{II}$ gröfser als 400 werden, so nimmt man nur ihren Überschufs über 400 als Argument für die Tabellen „Argument A“ und „Argument B“. Die mit der Schramschen Tafel berechneten Zeitmomente haben durchschnittlich eine Genauigkeit von einer halben Stunde, sind also viel ungenauer als die aus Oppolzers und meistens auch als die aus Largeteaus Tafeln berechneten Zeitangaben, jedoch sind die gefundenen Werte immer noch übrig genau für die meisten chronologischen Zwecke. Die Schramschen Tafeln haben vor denen von Largeteau und Oppolzer den sehr grofsen Vorzug aufserordentlicher Kürze, Übersichtlichkeit und Handlichkeit. Zwar kann man nach diesen beiden letzteren die Rechnung ebenso abkürzen, doch ist das für den Laien im allgemeinen deshalb schwierig, weil er nicht mit Sicherheit entscheiden kann, welchen Teil der ganzen Rechnung er fortlassen darf, unbeschadet der von ihm angestrebten Genauigkeit. —

Im allgemeinen ist zu bemerken, dafs man für die neuere Zeit, d. h. das 18. und 19. Jahrhundert, der Berechnung der verschiedenen Mondphasen dadurch überhoben wird, dafs dieselben in den verschiedenen astronomischen Jahrbüchern, die regelmäfsig schon lange vor dem Jahre, für welches sie gelten, erscheinen, berechnet sind. Solche Jahrbücher sind: die „Connaissance des Temps“, welche seit 1679, „The Nautical Almanac“, welcher ungefähr schon ebenso lange, und das „Berliner Astronomische Jahrbuch“, welches seit 1775 erscheint.

Beispiele:

1) Wann trat im Jahre 300 v. Chr. der dem Frühlingsäquinoktium zunächst liegende Neumond ein?

Aus dem Beispiele auf Seite 72 folgt, daſs das Frühlingsäquinoktium im Jahre 300 v. Chr. am 25. März eintrat, während man aus dem Beispiele auf Seite 90 ersieht, daſs der diesem Termin am nächsten liegende Neumond auf den 30. März fällt; es ist also der Neumond am 30. März des Jahres 300 v. Chr. näher zu berechnen.

$J =$ 300 v. Chr. $= -299$ (astronomisch), $M =$ März, $t = 30$.

I. Berechnung nach Largeteaus Mondtafeln.

$$J = -299,\ C = 1801,\ H = 21.$$

	a	b	c	d	e	f
Tafel I: Argument $H =$ 21	4913	837	146	89	655	328
„ II: „ $J = -299$	36	17	991	0	1	996
„ III: „ $C =$ 1801	5018	571	493	2	271	479
„ IV, Abt. März: Argument $t = 30$	9800	194	766	241	234	508
	9767	619	396	332	161	311
„ VI: Argument $a =$ 9767	20					
„ VII: „ $b =$ 619	71					
„ VIII: „ $c =$ 396	56					
„ IX: „ $d =$ 332	8					
„ X: „ $e =$ 161	0					
Summe	9922					

Jahr — 299 ist ein Gemeinjahr, da neben C=1801 in Tafel III kein „B“ steht. Es ist keine Finsternis möglich, da f zwischen 106 und 894 liegt.

$10000 - 9922 = 78 = \varDelta$, damit findet man aus Tafel XI die Korrektion $5^h\,32^m$, und da Summe a kleiner als 10000 ist, so trat der Neumond $5^h\,32^m$ nach März 30, 0^h mittlere Zeit Paris ein. Da das Datum unverändert geblieben ist, so bleiben auch die Werte aus den vier ersten Tafeln ungeändert bei der zweiten Rechnung; man hat also:

	a	b	c	d	e	f
Summe der Tafelwerte I bis IV	9767	619	396	332	161	311
Tafel V: Argument 5^h	71	8	7	1	8	1
„ V: „ 32^m	8	1	1	0	1	0
	9846	628	404	333	170	312

„ VI: Argument $a = 9846$	22	Es findet keine Finsternis statt, da f zwischen 106 und 894 liegt.
„ VII: „ $b = 628$	64	
„ VIII: „ $c = 404$	55	
„ IX: „ $d = 333$	9	
„ X: „ $e = 170$	0	
Summe	9996	

$10000 - 9996 = 4 = \Delta$, damit findet man aus Tafel XI die Korrektion 17^m, die zu März 30, $5^h\,32^m$ mittlere Zeit Paris zu addieren ist, da Summe a kleiner 10000 ist. Der fragliche Neumond trat also wirklich ein: 300 v. Chr. am 30. März $5^h\,49^m$ morgens, mittlere Zeit von Paris.

II. Berechnung nach Oppolzers Syzygientafeln.

„Jahrhundert-Tafel“ : Argument: $-300 = 1611482$

„Jahrestafel“ „ $+1$ März $= 425$

$t = 30$

$T = 1611937$

(Fortsetzung siehe folgende Seite.)

			I	II	III	IV	V	VI	VII	VIII
„Empirische Korrektionen“: Arg.: 1610000	$\varDelta T$ =	+ 0.0264	+ 1.29	0	+ 0.5	+ 1.3	+ 1.3	0	+ 3	+ 3
„Cyclen-Tafel“: Arg.: nächstniedrige Zahl zu T	T_c =	1602869.7941	237.95	203.79	0.6	34.2	41.7	74	272	280
„Periodentafel für Neumonde“: Argument: $T - T_c = 906721$	T_n =	9065.8905	6.43	328.16	124.1	78.3	334.6	267	85	341
			245.67	131.95	125.2	113.8	377.6	341	360	224

„Argument I“: Arg.: 245.67	T_I =	0.6962
„Argument II“: „ 131.95	T_{II} =	0.3252
„Argument III“: „ 125.2	T_{III} =	201
„Argument IV“: „ 113.8	T_{IV} =	147
„Argument V“: „ 377.6	T_V =	70
„Argument VI“: „ 341	T_{VI} =	4
„Argument VII“: „ 360	T_{VII} =	5
„Argument VIII“: „ 224	T_{VIII} =	5
$\varDelta T + T_c + T_n + T_I + T_{II} + T_{III} + T_{IV} + T_V + T_{VI} + T_{VII} + T_{VIII}$	=	1611936.7756
$T - t$	=	1611907
t'	=	29.7756
„Tagesbruchteile = d“: Arg.: $d = 0.77$	=	$18^h\ 28.^m8$
„ „ „ $d = 0.0056$	=	8.1
$d = 0\ 7756$	=	$18^h\ 36.^m9$

Der fragliche Neumond trat also ein: 300 v. Chr. am 29. März $18^h\ 36.^m9$ mittlere Zeit Greenwich in astronomischer Zählweise.

Zur Vergleichung des Resultates mit dem aus Largeteaus Mondtafeln gefundenen addiert man $12^h\ 9.^m3$, hat also:

nach Largeteau: 30. März $5^h\ 49^m$ mittlere Zeit Paris

„ Oppolzer: 30. „ 6 46.2 „ „ „

III. Berechnung nach Schrams Mondtafel.

Schrams Kalendariographische Tafeln:

„Tafel I[a]“ : Argument:	— 300	=	1611482
„Tafel II“ : „	+ 1 März	=	425
	t	=	30
	T	=	1611937

Schrams Tafel zur Berechnung der Mondphasen:

„Tafel I“ : Arg. : nächstniedrige Zahl zu
$T : T_I = 1602869.82$ $\qquad A_I = 239, \quad B_I = 204$

„Tafel II“ : Arg. :
$T - T_I = 9067.18 : T_{II} = 9065.89$ $\qquad A_{II} = 6, \quad B_{II} = 328$

$A_I + A_{II} = 245, \quad B_I + B_{II} = 132$

„Argument A“: Arg.: 245,
Kolumne Neumond: 0.71

„Argument B“: Arg.: 132,
Kolumne Neumond: 0.33

Summe = 1611936.75
$T - t$ = 1611907
t' = 29.75

„Tafel zur Verwandlung der Dezimalen des Tages in Stunden und Minuten“:
Arg.: 0.75 = $18^h\ 0.^m0$

Der fragliche Neumond trat also ein (den Tag in astronomischer Weise gerechnet)

nach Schram:	29.	März	18^h	$0.^m0$	mittlere Zeit	Greenwich
„ Oppolzer:	29.	„	18	36.9	„ „	„

2) Die Schlacht bei Adrianopel hat ungefähr am 11. August 378 n. Chr. stattgefunden. Ammianus giebt an, dafs in der folgenden Nacht Neumond war; trifft dies mit dem 11. August zusammen, oder wann trat der Neumond ein?

$J = 378$ n. Chr. $= +378$ (astronomisch), $M =$ August, $t = 11$.

I. Berechnung nach Largeteaus Mondtafeln.

$$J = +378, \quad C = 1878, \quad H = 15.$$

	a	b	c	d	e	f
Tafel I: Argument $H =$ 15	6099	151	69	73	22	825
„ II: „ $J = +378$	16	7	996	0	1	998
„ III: „ $C =$ 1878	8702	237	563	999	778	755
„ IV, Abt. August: Argum. $t = 11$	5176	57	979	608	158	281
	9993	452	607	680	959	859
„ VI: Argument $a = 9993$	26					
„ VII: „ $b = 452$	233					
„ VIII: „ $c = 607$	13					
„ IX: „ $d = 680$	112					
„ X: „ $e = 959$	5					
Summe	382					

Jahr + 378 ist ein Gemeinjahr, da neben $C = 1878$ in Tafel III kein „B“ steht. Es ist keine Finsternis möglich, da f zwischen 106 und 894 liegt.

382 — 0 = 382 = Δ, damit findet man aus Tafel XI die Korrektion

$$\begin{array}{rl} \text{Arg. } 300 = & 21^h\,16^m \\ \text{„ } 82 = & \ \,5\ \ 49 \\ \hline \text{Arg. } 382 = & 27^h\ \ 5^m = 1 \text{ Tag, } 3^h\,5^m, \end{array}$$

und da die Summe *a* gröſser als 0 ist, so trat der Neumond $1^d\,3^h\,5^m$ vor August 11, also am 9. August $20^h\,55^m$ mittlere Zeit Paris ein. Da das Datum geändert ist, so bleiben nur die Werte aus den drei ersten Tafeln bei der zweiten Rechnung ungeändert; man hat daher:

	a	*b*	*c*	*d*	*e*	*f*
Summe der Tafelwerte I bis III	4817	395	628	72	801	578
Tafel IV, Abt. August: Argum. $t = 9$	4499	984	916	602	85	269
„ V: Argument 20^h	282	30	26	2	31	5
„ V: „ 55^m	13	1	1	0	1	0
	9611	410	571	676	918	852
„ VI: Argument $a = 9611$	17					
„ VII: „ $b = 410$	272					
„ VIII: „ $c = 571$	20					
„ XI: „ $d = 676$	111					
„ X: „ $e = 918$	5					
Summe	36					

Es findet keine Finsternis statt, da *f* zwischen 106 und 894 liegt.

36 — 0 = 36 = Δ, damit findet man aus Tafel XI die Korrektion $2^h\,33^m$, welche von $20^h\,55^m$ zu subtrahieren ist, da Summe *a* gröſser als 0 ist. Der fragliche Neumond trat also 378 n. Chr. am 9. August $18^h\,22^m$ ($6^h\,22^m$ abends) mittlere Zeit Paris ein, auf welches Datum also auch die Schlacht von Adrianopel zu setzen ist.

II. Berechnung nach Oppolzers Syzygientafeln.

„Jahrhundert-Tafel“: Argument: + 300 = 1830632
„Jahrestafel“: Argument: + 78 August = 28702

$$\begin{array}{r} t = \ \ \ \ \ \ \ 11 \\ \hline T = 1859345 \end{array}$$

			I	II	III	IV	V	VI	VII	VIII
„Empirische Korrektion“: Arg.: 1860000	$\varDelta T$ =	+ 0.0094	+ 0.59	0	+ 0.4	+ 0.6	+ 0.6	0	+ 1	+ 1
„Cyclen-Tafel“: Arg.: nächstniedrige Zahl zu T	T_c =	1855208.7363	152.33	143.14	0.7	9.2	295.5	27	162	48
„Periodentafel für Neumonde“: Argument: $T - T_c = 4136.26$	T_n =	4134.2823	15.96	127.50	341.9	288.5	143.5	157	304	159
			168.88	270.64	343.0	298.3	39.6	184	67	208

„Argument I“ : Arg.: 168.88	T_I =	0.2053
„Argument II“ : „ 270.64	T_{II} =	0.0200
„Argument III“ : „ 343.0	T_{III} =	23
„Argument IV“ : „ 298.3	T_{IV} =	1
„Argument V“ : „ 39.6	T_V =	22
„Argument VI“ : „ 184	T_{VI} =	2
„Argument VII“ : „ 67	T_{VII} =	1
„Argument VIII“ : „ 208	T_{VIII} =	6
$\varDelta T + T_c + T_n + T_I + T_{II} + T_{III} + T_{IV} + T_V + T_{VI} + T_{VII} + T_{VIII}$	=	1859343.2588
$T - t$	=	1859334
t'	=	9.2588
„Tagesbruchteile = d“ : Arg. : $d = 0.25$	=	$6^h\ 0.^m0$
„ „ „ $d = 0.0088$	=	12.7
$d = 0.2588$	=	$6^h\ 12.^m7$

Der fragliche Neumond trat also ein: 378 n. Chr. am 9. August $6^h\ 12.^m7$ mittlere Zeit Greenwich in astronomischer Zählweise.

Zur Vergleichung des Resultates mit dem aus Largetaus Mondtafeln gefundenen addiert man $12^h\ 9.^m3$, hat also:

nach Largeteau: 9. August $18^h\ 22^m$ mittl. Zeit Paris

„ Oppolzer: 9. „ 18 22.0 „ „ „ .

III. Berechnung nach Schrams Mondtafel.

Schrams Kalendariographische Tafeln.

„Tafel Ia" : Argument:		+ 300 =	1830632
„Tafel II" :	„	+ 78 August =	28702
		t =	11
		T =	1859345

Schrams Tafel zur Berechnung der Mondphasen:

„Tafel I" : Arg. : nächstniedrige Zahl zu

$T : T_I = 1855208.75$ $\qquad A_I = 153, \quad B_I = 143$

„Tafel II" : Arg. :

$T - T_I = 4136.25 : T_{II} = 4134.28$ $\qquad A_{II} = 16, \quad B_{II} = 127$

$\qquad A_I + A_{II} = 169, \quad B_I + B_{II} = 270$

„Argument A": Arg.: 169,

Kolumne Neumond: 0.23

„Argument B": Arg.: 270,

Kolumne Neumond: 0.02

Summe = 1859343.28

$T - t$ = 1859334

t' = 9.28

„Tafel zur Verwandlung der Dezimalen des Tages in Stunden und Minuten":

Arg.: 0.28 = $6^h\ 43.^m2$

Der fragliche Neumond trat also ein (den Tag in astronomischer Weise gerechnet)

nach Schram: 9. August $6^h\ 43.^m2$ mittlere Zeit Greenwich

„ Oppolzer: 9. „ 6 12.7 „ „ „

Genäherte Bestimmung einer Sonnenfinsternis.

(Siehe: Erster Teil, Seite 31 ff.)

Gegeben: Ein Zeitraum von etwa 10 bis 20 Jahren, in welchem eine in einem bestimmten Lande sichtbare Sonnenfinsternis stattgefunden haben soll, von der außerdem noch die ungefähre Größe und Art oder die genäherte Jahreszeit ihres Eintretens bekannt ist.

Gesucht: Die Tage, an denen innerhalb des gegebenen Zeitraumes Sonnenfinsternisse stattfanden, welche ungefähr den sonstigen gegebenen Umständen entsprechen.

Bestimmung mit Hülfe von Oppolzers Kanon der Finsternisse.

Der Kanon umfaſst auſser der Einleitung drei Teile, nämlich:

I. Kanon der Sonnenfinsternisse (Seite 1 bis 322)

II. Kanon der Mondfinsternisse (Seite 323 bis 376)
III. Ikonographie zum Kanon der Sonnenfinsternisse (160 Karten).

Im vorliegenden Falle braucht man die Teile I und III. Der erste enthält die Elemente und Hülfsgröſsen aller Sonnenfinsternisse (8000 Stück) vom 10. November 1208 vor Chr. Geb. bis zum 17. November 2161 nach Chr. Geb. Alle zu einer Finsternis gehörenden Angaben stehen auf einer Horizontalreihe zusammen, die über zwei nebeneinander liegende Seiten wegläuft. In der ersten Kolumne der linken Seite steht die laufende Nummer; dann folgen drei Kolumnen mit der gemeinsamen Überschrift T, die auſserdem die Spezialbezeichnungen: „Julianischer Kalender" (bis Oktober 1582, von da ab: „Gregorianischer Kalender"), „Julianischer Tag" und „Welt-Zeit" tragen. Die erste dieser drei Kolumnen enthält die Datumangabe für das Stattfinden der Finsternis und zwar Jahr (in astronomischer Schreibweise „vor Chr. Geb." negativ) Monat (römische Ziffer) und Tag; die zweite Kolumne enthält das gleiche Datum in Tagen der julianischen Periode ausgedrückt zur Erleichterung der Umrechnung in andere Kalenderangaben; die dritte Kolumne enthält die Weltzeit d. h. die bürgerliche Zeit von Greenwich (also mittlere Zeit den Tag von Mitternacht ab und die Stunden von 0 bis 24 durchgezählt) der Mitte der Finsternis. Dann folgen elf Kolumnen mit verschiedenen Hülfsgröſsen. Die erste Kolumne der rechten Seite enthält die der gleichen auf der linken Seite entsprechende laufende Nummer, dann folgen in zwölf Kolumnen wiederum Hülfsgröſsen. Nun kommt eine breite Spalte mit der Überschrift „Centralität", die in drei Unterabteilungen mit den Bezeichnungen: „bei ⊙ Aufgang" (bei Sonnen-Aufgang), „im Mittag" und „bei ⊙ Untergang" (bei Sonnen-Untergang) zerfällt, welche die geographischen Längen von Greenwich λ (östlich: positiv, westlich: negativ) und die geographischen Breiten φ (nördlich: positiv, südlich: negativ) in ganzen Graden ausgedrückt von denjenigen Erdorten enthalten, für welche die Centralität der betreffenden Finsternis bei Sonnenaufgang, im Mittag oder bei Sonnenuntergang stattfand. Es ist klar, daſs für diejenigen Finsternisse, die überhaupt nur partial sind, die zuletzt besprochenen Kolumnen keine Bedeutung haben und daher mit

Strichen ausgefüllt sind. Stehen solche Striche nur in der Kolumne „im Mittag“, so bedeutet das, dafs für diese Finsternis kein Mittagspunkt vorhanden ist, dann beziehen sich die beiden anderen Ortsangaben entweder beide auf Aufgangs- oder beide auf Untergangspunkte; in ersterem Falle steht die in der Kolumne „bei ⊙ Untergang“ befindliche Ortsangabe in Klammern, im letzteren Falle die in der Kolumne „bei ⊙ Aufgang“. Ferner haben manche Finsternisse keinen Mittags-, wohl aber einen Mitternachtspunkt, d. h. man beobachtet die Centralität der Finsternis für den angegeben Ort um Mitternacht, was natürlich nur für Orte in der Nähe der Pole möglich ist; diese Eigentümlichkeit ist dadurch angedeutet, dafs die in der Kolumne „im Mittag“ stehende Ortsangabe in Klammer gesetzt ist. Die letzte Kolumne auf der rechten Seite enthält unter der Bezeichnung F die Art der Finsternis und zwar bedeutet:

p = partielle Finsternis,
r = ringförmig-centrale Finsternis,
t = total-centrale Finsternis,
r-t = ringförmig-total-centrale Finsternis,
(p) = infolge der Abplattung unsichtbare Finsternis,
(r) = ringförmige, nicht centrale Finsternis,
(t) = totale, nicht centrale Finsternis.

Ein diesen Angaben beigefügtes Sternchen (*) deutet auf den dritten Teil, die Ikonographie zum Kanon der Sonnenfinsternisse hin. Diese enthält 160 ganz gleiche Karten der Erdoberfläche, die alle so angeordnet sind, dafs der Nordpol in der Mitte liegt, und dafs sie die Erdoberfläche bis zum 30. Grad südlicher Breite umfassen. In diese Karten sind nun die Kurven der Centralität der Finsternisse eingetragen, und zwar bedeutet eine ausgezogene Linie, dafs die Finsternis total, eine punktierte, dafs sie ringförmig, und eine strichpunktierte, dafs sie ringförmig-total ist. Die Anfangs- und Endpunkte der Kurven sind durch kleine Dreiecke markiert, von denen ein weifses den Aufgangs-, ein schwarzes den Untergangspunkt bedeutet, während ein weifser (bez. schwarzer) Kreis auf der Kurve den Mittags- (bez. Mitternachts-)Punkt angiebt; also mit anderen Worten: die Dreiecke und Kreise bezeichnen die Punkte auf der Erdoberfläche, deren Koordinaten im ersten Teil des Kanons in der mit „Centralität" überschriebenen Spalte eingetragen sind. Zu bemerken ist, dafs wenn für ringförmige oder totale aber nicht centrale Finsternisse Kurven in die Karten eingezeichnet sind, diese alle die Erdorte verbinden, für welche die Finsternis zwölf Zoll grofs wird. In jedem Blatt der Ikonographie sind alle die Finsternisse eingezeichnet, welche im „Kanon der Sonnenfinsternisse" auf einer Doppelseite zusammenstehen, daher die Nummer eines Blattes gleich der durch 2 dividierten geraden Seitenzahl der zugehörigen beiden Seiten im Kanon der Finsternisse ist. Fällt die Centralitätskurve einer Finsternis völlig in das Bereich der Karte, so ist das durch ein Sternchen in der letzten Kolumne angezeigt (siehe oben); von einer ganzen Anzahl von Finsternissen fällt nur ein Teil der Kurve in den Rahmen der Karten, doch ist dieser Teil jedesmal gewissenhaft eingetragen. Da aufserdem an jeder Kurve das genaue Datum der betreffenden Finsternis steht, so ist die Orientierung eine aufserordentlich leichte und einfache. Nördlich und südlich von einer solchen Centralitätskurve liegen die Gegenden, in welchen die betreffende Finsternis als partielle sichtbar ist.

Der Gebrauch des Ganzen gestaltet sich folgendermafsen. Man sucht in der zweiten Kolumne der linken Seiten im „Kanon der Sonnenfinsternisse" die Zeiten auf, die innerhalb des gegebenen Zeitraumes liegen, dividiert die Seitenzahl, auf welcher sich dieselben finden, durch 2 und erhält damit die Nummer des Blattes der Ikonographie, auf welchem die Finsternisse aus der betreffenden Zeit eingezeichnet sind. Man schlägt das Blatt der Ikonographie auf und sieht nun auf einen Blick, welche Kurven durch die gegebene Gegend hindurchgehen oder sich derselben wenigstens stark annähern. Aus diesen kann man durch Berücksichtigung der gegebenen näheren Umstände der Finsternis (also z. B. Art und Gröfse, oder Monat) leicht die Kurve der gesuchten Finsternis herausfinden und, da das Datum an derselben angeschrieben ist, auch diese selbst ermitteln. Gelegentlich kommt es vor, dafs keine Kurve den mitgeteilten näheren Umständen völlig entspricht, sondern dafs dieselben auf zwei bis drei Kurven ungefähr passen; dann bleibt nichts übrig als durch eine genauere Rechnung, wie sie die im nächsten

Abschnitt behandelte Aufgabe lehrt, eine Entscheidung zwischen den fraglichen Finsternissen zu treffen.

Zu beachten: Die vorstehende Lösung wird also ohne jede Rechnung gefunden und wird in vielen Fällen überhaupt ausreichen, eine besondere Rechnung nach den Vorschriften des nächsten Abschnittes mithin überflüssig machen. Der Kanon der Sonnenfinsternisse dient dabei nur zur leichteren Auffindung der betreffenden Karte in der Ikonographie, deren direkte Aufsuchung etwas umständlicher ist, weil die Karten in der Überschrift keine Angabe über den Zeitabschnitt enthalten, für welchen sie gelten. Dafs man gelegentlich gezwungen ist, die nöthigen Kurven aus zwei aufeinander folgenden Blättern herauszusuchen, bedarf wohl kaum einer besonderen Erwähnung.

Beispiel.

Herodot giebt an (VII, 37), dafs gelegentlich des dritten Zuges der Perser gegen Griechenland beim Ausmarsch des Heeres aus Sardes im Frühjahr eine totale Sonnenfinsternis stattgefunden habe. Welche Finsternis ist das?

Die Finsternis mufs also im Frühjahr des Jahres, in welchem die Schlachten bei Thermopylä und Salamis stattfanden, eingetreten sein, d. h. nach anderen Anhaltspunkten ungefähr im Jahre 480 vor Chr. Geb. = — 479 (astronomisch). Die um diese Zeit eingetretenen Finsternisse stehen auf den Seiten 70 und 72 des Kanon, ihre Centralitätskurven finden sich also auf den Blättern $\frac{70}{2} = 35$ und $\frac{72}{2} = 36$. Ein Blick auf diese letzteren lehrt, dafs um die gedachte Zeit nur zwei Kurven durch die Gegend von Sardes gehen, nämlich auf Blatt 35 die der ringförmig-totalen Sonnenfinsternis vom 1. September des Jahres — 487 und auf Blatt 36 die der totalen Finsternis vom 30. April des Jahres — 462. Beide können nicht in Frage kommen, da das Jahr — 479 unmöglich soviel fehlerhaft sein kann und aufserdem die Finsternis von — 487 im Herbst statt wie gefordert im Frühjahr eintrat. Man sieht also zunächst, dafs die Angabe von Herodot, dafs die Finsternis total gewesen sei, unrichtig ist. Blatt 36 zeigt nun, dafs um das gedachte Jahr nur zwei Finsternisse eingetreten sind, die allenfalls zu den

Angaben passen, nämlich die ringförmige Finsternis vom 17. Februar des Jahres — 477, deren Centralitätskurve, vom Aufgangspunkt im atlantischen Ozean ausgehend, durch die Küste von Marocco und Algerien, durch Sizilien und Albanien zum Mittagspunkt, der in die Gegend des heutigen Saloniki fällt, läuft und von da aus weiter durch Rumelien, das schwarze Meer, die Krym, das Asowsche Meer u. s. w. bis zum Untergangspunkt, der in der Gegend von Tobolsk liegt; und ferner die totale Finsternis vom 19. April des Jahres — 480, deren Aufgangspunkt im indischen Ozean südlich von der Somaliküste liegt, während die Kurve durch Vorder- und Hinterindien, Südchina und die Insel Kiusiu läuft, um im grofsen Ozean zu enden. Etwas näher als die letztgenannte Kurve kommt diejenige der Finsternis vom 2. Oktober des Jahres — 479 an Sardes heran, die aber deshalb hier nicht in Betracht zu ziehen ist, weil sie im Herbst statt wie gefordert im Frühjahr stattfand. Zwischen den beiden Finsternissen der Jahre — 477 und — 480 eine Entscheidung zu treffen, fällt nach dem Verlaufe der beiderseitigen Kurven nicht schwer, denn die der letzteren verläuft in so grofser Entfernung von Sardes, dafs sie in dieser Stadt entweder gar nicht oder nur sehr unbedeutend zu sehen war. Die von Herodot erwähnte Finsternis ist also die ringförmige vom 17. Februar des Jahres 478 vor Chr. Geb.

Berechnung der Dauer der Sichtbarkeit sowie der Gröfse einer bestimmten Sonnenfinsternis an einem gegebenen Ort auf der Erde.

(Siehe: Erster Teil, Seite 31 ff.)

Gegeben: Das Datum einer bestimmten Sonnenfinsternis sowie die geographische Länge von Greenwich λ (östlich: positiv, westlich: negativ) und geographische Breite φ (nördlich: positiv, südlich: negativ) eines Ortes.

Gesucht: Die Zeiten von Beginn und Ende der Finsternis sowie die Angaben, wann die gröfste Phase eintrat und wie grofs diese war, alles für den gegebenen Ort, und ferner die Gröfse der Finsternis für diesen Ort zu einer beliebigen Zeit.

I. Berechnung mit Hülfe von Oppolzers Kanon und Schrams Sonnenfinsternistafeln.

Je nachdem das gegebene Datum in christlichem Kalender oder in Tagen der julianischen Periode ausgedrückt ist, sucht man dasselbe in der zweiten oder dritten Kolumne der linken (geraden) Seiten des Kanons der Sonnenfinsternisse auf, über dessen Einrichtung in dem Abschnitt „Genäherte Bestimmung einer Sonnenfinsternis“ das Erforderliche gesagt ist; die genannten Kolumnen tragen die Überschriften: „Julianischer (bez. „Gregorianischer“) Kalender“ und „Julian. Tag“. Von den mit diesem Datum auf gleicher Horizontalreihe (die auch über die rechte Seite läuft) stehenden Zahlenwerten schreibt man die in den mit L', Z, P, u_a', μ und γ überschriebenen Kolumnen stehenden mit ihren Vorzeichen heraus, jedoch die Winkelgröfsen L', P und μ auf ganze Grade, die Dezimalbrüche von u_a' und γ auf zwei Dezimalen abgerundet, nur Z mufs ganz genommen werden. Sodann geht man zu Schrams Sonnenfinsternistafeln über. Diese zerfallen in zwei getrennte Abteilungen, jenachdem Winkel P bei 0^0 (zwischen 340^0 und 20^0) oder bei 180^0 (zwischen 160^0 und 200^0) liegt. In jeder dieser beiden Abschnitte sind immer zwei einander gegenüber stehende Seiten für einen vollen Zehnergrad des Oppolzerschen Winkels L', der hier mit L bezeichnet ist, berechnet. Man schlägt nun diejenige Abteilung auf, die dem im Kanon gefundenen Winkel P entspricht, und in dieser zunächst wieder die beiden Seiten, die für den zu dem gefundenen L' nächst niedrigen vollen Zehnergrad berechnet sind. Auf der linken dieser beiden Seiten interpoliert man aus der „Tafel für t“ mit dem Horizontalargument: geographische Breite $= \varphi$, und dem Vertikalargument: $\lambda + \mu$ einen Wert von t und auf der rechten Seite aus der „Tafel für Γ“ mit den gleichen Argumenten einen Wert von Γ und notiert bei der Interpolation die Differenz $\Delta\Gamma$ der beiden Γ einschliefsenden Tafelwerte, die für das gleiche Horizontalargument φ, aber für die um 10^0 voneinander abstehenden Werte des Vertikalarguments $\lambda + \mu$ gelten. Bei beiden zuletzt genannten Tafeln ist eine Anzahl von Tafelwerten durch eine Umrahmung mit dicken schwarzen Strichen von den übrigen getrennt, es sind das die einzigen, die zur Rechnung zu verwenden sind. Führen die Argumente φ und $\lambda + \mu$ zu Werten aufserhalb der Umrahmung, so ist das ein Zeichen dafür, dafs die Sonne für den betreffenden Erdort unterhalb des Horizontes steht; die Rechnung ist dann also nicht weiter zu führen, da die Finsternis an dem Orte nicht sichtbar ist. Genau die gleiche Berechnung eines Wertes von t, Γ und $\Delta\Gamma$ führt man auf den beiden folgenden Seiten, die für den zu dem im Kanon gefundenen L' nächst höheren Zehnergrad gehören, mit den gleichen Argumenten aus und interpoliert zwischen die beiden so gefundenen Werte jeder der drei Gröfsen t, Γ und $\Delta\Gamma$ die zu L' gehörenden Werte t, Γ und $\Delta\Gamma$; dann bildet man

$$t + Z \quad \text{und} \quad \Gamma + \gamma$$

unter strenger Berücksichtigung der Vorzeichen von Z und γ. Nun stehen auf den linken Seiten unter der „Tafel für t" drei „Korrektionstafeln", die hier nicht weiter zu berücksichtigen sind, da sie nur bei Erzielung der äufsersten Genauigkeit in Anwendung kommen, während auf den rechten Seiten unter der „Tafel für Γ" drei Täfelchen angebracht sind, die auf allen Seiten gleich sind, sodafs es einerlei ist, welche von den rechten Seiten man zum Gebrauch dieser Täfelchen aufschlägt. In die oberste der letzteren mit der Überschrift: „Tafel für ($1 \pm m$). Gröfse der Finsternis. (Zur Zeit der gröfsten Phase ist $1 \pm m = \gamma + \Gamma$)" geht man in die vorderste Vertikalkolumne mit dem aus dem Kanon genommenen Wert u_a' ein und sucht den entsprechenden dieser Kolumne. In der durch denselben markierten Horizontalreihe sucht man die beiden den oben berechneten Wert $\Gamma + \gamma$ einschliefsenden Zahlengröfsen, welche zwei in den Kolumnenüberschriften angegebenen Werten der Gröfse der Finsternis in Zollen entsprechen; zu dem berechneten $\Gamma + \gamma$ interpoliert man dazwischen auf Zehntelzoll und erhält so den Maximalwert der Verfinsterung in Zollen ausgedrückt für den gegebenen Erdort. Mit $t + Z$ geht man in die auf Seite 417 (im Separatabdruck: Seite 33) befindliche „Tafel für μ und Zeit" in die mit μ überschriebene Kolumne ein und entnimmt die links davon stehende zu $t + Z$ gehörige Zeitangabe, welches die mittlere Ortszeit (von Mitternacht ab von 0^h bis 24^h gezählt) des Eintritts der gröfsten Phase der Finsternis ist; geht man statt mit $t+Z$ nur mit t in diese Tafel ein, so erhält man statt der mittleren die wahre Ortszeit.

Zur Berechnung der Zeiten für Anfang und Ende der Finsternis für den gegebenen Erdort interpoliert man mit $\Delta\Gamma$ als Horizontal- und $\Gamma+\gamma$ als Vertikalargument aus der kleinen auf den rechten Seiten stehenden Tafel mit der Überschrift: „$\Delta(\lambda+\mu)$ für Anfang und Ende der Finsternis (in Graden)" die in den gleichnamigen Kolumnen stehenden Werte A und E mit ihren Vorzeichen (A ist stets negativ, E stets positiv) und bildet unter Berücksichtigung der letzteren

$$\lambda+\mu+A=(\lambda+\mu)_a \quad \text{und} \quad \lambda+\mu+E=(\lambda+\mu)_e.$$

Mit den Argumenten $(\lambda+\mu)_a$ und φ einerseits und $(\lambda+\mu)_e$ und φ andrerseits interpoliert man aus den beiden „Tafeln für t", die schon oben benutzt wurden, je zwei Werte von t_a und t_e, zwischen welche man die zu L' gehörenden Gröſsen t_a und t_e interpoliert; mit den Werten t_a+Z und t_e+Z geht man wiederum in die Kolumne μ der auf Seite 417 stehenden „Tafel für μ und Zeit" ein und entnimmt die links davon stehenden Zeitangaben, welche dann die gesuchten mittleren Ortszeiten des Anfangs und des Endes der Finsternis für den gegebenen Erdort sind; geht man statt dessen direkt mit t_a und t_e in die Tafel ein, so erhält man die wahren Zeiten für die gedachten Phänomene.

Will man für eine zwischen den mittleren Ortszeiten des Anfangs und Endes liegende mittlere Zeit x die Gröſse der Finsternis finden, so entnimmt man eben aus der „Tafel für μ und Zeit" die zu x gehörige Gröſse $\mu=t_1+Z$, aus welcher man durch Subtraktion von Z (unter Berücksichtigung seines Vorzeichens) t_1 findet. War x in wahrer Zeit ausgedrückt, so ist das damit entnommene μ direkt gleich t_1. Mit φ als Horizontalargument sucht man aus den beiden oben benutzten „Tafeln für t" die zu t_1 gehörigen Werte $(\lambda+\mu)_1$ und mit diesen und φ als Argumenten interpoliert man aus den rechts daneben stehenden beiden „Tafeln für Γ" zwei entsprechende Werte Γ_1. Zwischen diese und die gefundenen Werte von $(\lambda+\mu)_1$ interpoliert man die zu L' gehörenden Gröſsen $(\lambda+\mu)_1$ und Γ_1. Mit $(\lambda+\mu)_1-(\lambda+\mu)$ als Horizontal- und $\gamma+\Gamma_1$ als Vertikalargument entnimmt man aus der kleinen Tafel:

„Gröſse von $1 \pm m$ für einen bestimmten Stundenwinkel“ auf den rechten Seiten einen Wert $1' \pm m$, mit Hülfe dessen und der Gröſse u_a' man aus der schon früher erwähnten „Tafel für $(1 \pm m)$. Gröſse der Finsternis“ in genau der gleichen Weise wie oben mit u_a' und $\Gamma + \gamma$ den Wert zur Zeit der gröſsten Phase, jetzt die Gröſse der Finsternis in Zollen zur Zeit x interpoliert.

II. Berechnung unter Berücksichtigung von Schrams Reduktionstafeln.

Will man bei der ganzen Berechnung eine gröſsere Genauigkeit erzielen, so muſs man auſser den beiden oben benutzten Tafelwerken noch Schrams Reduktionstafeln verwenden. Man sucht wie oben die Finsternis im Kanon auf und entnimmt auſser den oben aufgezählten Hülfsgröſsen noch die in den Kolumnen „Julian. Tag“, „Q“ und „log p“ stehenden und zwar die beiden ersten zu vollem Betrage, den log p aber auf drei Dezimalen abgekürzt; auch P, μ und γ muſs man jetzt zu vollem Betrage und nicht wie oben abgerundet entnehmen. Dann sucht man in Schrams Reduktionstafeln diejenige Seite auf, welche den eben gefundenen Wert von log p (hier „lg (p)“ geschrieben) als Überschrift trägt. Auf dieser interpoliert man für den aus dem Kanon entnommenen „Julian. Tag“ der Finsternis die in den Vertikalkolumnen Δ lg p, $\Delta\mu$ und $\Delta\gamma$ stehenden Werte, während man die übrigen zehn Vertikalkolumnen unberücksichtigt läſst. Was die Vorzeichen der drei interpolierten Gröſsen betrifft, so ist das für $\Delta\mu$ in der Kolumne selbst vorgedruckt; $\Delta\gamma$ hat zwei Vorzeichen, von denen das $\begin{Bmatrix}\text{obere}\\ \text{untere}\end{Bmatrix}$ zu nehmen ist, wenn P bei $\begin{Bmatrix}0^0\\ 180^0\end{Bmatrix}$ liegt; das Vorzeichen von Δ lg p ist, wenn in der Kolumne hinter der Zahl ein Punkt steht, gleich dem der Differenz $Q - P$, fehlt dagegen der Punkt, so stimmt das Zeichen von Δ lg p mit dem der Differenz $P - Q$ überein. Mit Δ lg p als Horizontal- und γ als Vertikalargument nimmt man aus der „Tafel für $\Delta_2\gamma$“ auf Seite 198 (im Separatabdruck Seite 12) unter Berücksichtigung des Vorzeichens der Differenz $(P - Q)$ einen Wert von $\Delta_2\gamma$ mit seinem Vorzeichen und bildet nun

$$\gamma_1 = \gamma + \varDelta\gamma + \varDelta_2\gamma \quad \text{sowie} \quad \mu_1 = \mu + \varDelta\mu$$

unter strenger Berücksichtigung der Vorzeichen von $\varDelta\gamma$, $\varDelta_2\gamma$ und $\varDelta\mu$. Hierbei ist zu bemerken, dafs die für $\varDelta\gamma$ und $\varDelta_2\gamma$ gefundenen ganzen Zahlen in Wahrheit Einheiten der vierten Dezimalstelle sind, d. h. es ist z. B. statt des gefundenen $\varDelta\gamma = 34$ in der Formel für γ_1 einzusetzen $\varDelta\gamma = 0.0034$. Diese so ermittelten Gröfsen γ_1 und μ_1 benutzt man statt γ und μ bei der nunmehr anzustellenden Rechnung mit Schrams Sonnenfinsternistafeln, die genau in der unter I beschriebenen Weise vorgenommen wird.

Zu beachten: Die Umwandlung der Gröfsen γ und μ mit Hülfe von Schrams Reduktionstafeln in die Werte γ_1 und μ_1 wird bei chronologischen Rechnungen nur in den seltensten Fällen vorzunehmen sein, nämlich nur dann, wenn eine besonders grofse Genauigkeit verlangt wird. Die ohne Berücksichtigung der Reduktionstafeln berechneten Zeiten können etwa eine Stunde, die Gröfsen der Finsternisse etwa 0.7 Zoll falsch sein. Es wird sich die strengere Rechnung besonders dann nötig machen, wenn weit zurückliegende Finsternisse in Frage kommen oder die Phase für den betreffenden Erdort sehr klein wird. Die Rechnung nach Schrams Sonnenfinsternistafeln erscheint etwas umständlich, ist es aber keineswegs, da z. B. die meisten Interpolationen auf einen Blick zu machen sind. Auch wird man in den seltensten Fällen alle die genannten Gröfsen zu berechnen haben, sondern wohl meistens nur Zeit und Betrag der gröfsten Phase, da diese hauptsächlich von den Schriftstellern des Altertums angegeben wird.

Für das laufende Jahrhundert kann man sich die Berechnung einer Sonnenfinsternis ersparen, wenn man eines der astronomischen Jahrbücher: „Connaissance des Temps“, „The Nautical Almanac“ oder das „Berliner Astronomische Jahrbuch“ für das betreffende Jahr, in welches die Finsternis fällt, zur Hand hat; darin findet man nicht nur die Finsternis vorausberechnet, sondern bei den beiden ersten Werken auch wohl Karten, welche das Sichtbarkeitsgebiet darstellen.

Beispiel.

In dem Beispiel auf Seite 110 ist gezeigt worden, dafs die von Herodot (VII. 37) erwähnte Sonnenfinsternis höchst wahrscheinlich die am 17. Februar 478 v. Chr. Geb. eingetretene Finsternis ist. Es soll berechnet werden, wann die gröfste Phase dieser Finsternis für Sardes eintrat und wie grofs dieselbe war, ferner wann die Finsternis in Sardes begann und endete, und endlich wie grofs die Phase beim höchsten Stand der Sonne in Sardes war.

Die östliche Länge von Greenwich beträgt für Sardes:

$$\lambda = + 28^0.1,$$

die nördliche geographische Breite beträgt für Sardes:

$$\varphi = + 38^0.4.$$

I. Berechnung ohne Berücksichtigung von Schrams Reduktionstafeln.

Mit dem Datum der Finsternis in astronomischer Schreibweise also gleich — 477 II 17 geht man in die zweite Kolumne der linken Seiten von Oppolzers Kanon der Sonnenfinsternisse ein und findet dasselbe auf Seite 72 und dahinter in der gleichen Horizontalreihe: $L' = 323^0$, $Z = + 4^0.36$, $P = 172^0$, $u_a' = 0.57$, $\mu = 331^0$, $\gamma = + 0.79$. Da P bei 180^0 (zwischen 160^0 und 200^0) liegt, so schlägt man in der zweiten Abteilung von Schrams Sonnenfinsternistafeln die beiden Seitenpaare auf, die zu $L = 320^0$ und $L = 330^0$ gehören, da diese beiden vollen Zehnergrade den Wert von $L' = 323^0$ einschliefsen. Mit den Argumenten

$$\varphi = + 38^0.4 \quad \text{und} \quad \lambda + \mu = + 28^0.1 + 331^0 = 359^0.1$$

findet man:

	aus „Tafel für t“		aus „Tafel für Γ“	
auf den Seiten für $L = 320^0$:	7^0		0.25	+ 0.06*)
„ „ „ „ $L = 330$:	8		0.29	+ 0.06
also für $L' = 323^0$ ist $t =$	7^0	$\Gamma =$	0.26	$\Delta\Gamma = + 0.06$
$Z = +$	4.36	$\gamma = +$	0.79	
$t + Z =$	$11^0.36$	$\Gamma + \gamma =$	1.05	

In der „Tafel für $(1 \pm m)$. Gröfse der Finsternis. (Zur Zeit

*) Die Berechnung dieser Zahl ist in folgender Weise erlangt: Man findet in der „Tafel für Γ“

für	$\varphi = + 38^0.4$	
$\lambda + \mu = 350^0$	0 20	Differenz $= + 0.06 = \Delta\Gamma$
$\lambda + \mu = 0$	0.26	
und daraus für $\lambda + \mu = 359^0.1$	$0.25 = \Gamma$	

der gröſsten Phase ist $1 \pm m = \gamma + \Gamma$)“ führt das Vertikalargument $u_a' = 0.57$ auf die vorunterste Horizontalreihe, in welcher der Wert $\Gamma + \gamma = 1.05$ zwischen den Gröſsen 1.03 und 1.08 liegt, welche in den Vertikalkolumnen 11 und 10 Zoll (südlich) stehen; also entspricht dem Werte 1.05 die Gröſse 10.6 Zoll (südlich) der Finsternis. — Mit $t + Z = 11.36$ geht man in die Kolumne μ der „Tafel für μ und Zeit“ ein (auf Seite 417) und findet links davon den entsprechenden Zeitwert $12^h\,45^m$ als mittlere Zeit von Sardes, zu welcher die gröſste Phase eintrat. — Mit $\Delta\Gamma = +0.06$ und $\Gamma + \gamma = 1.05$ erhält man aus „$\Delta(\lambda + \mu)$ für Anfang und Ende der Finsternis (in Graden)“ die Werte $A = -14^0$ und $E = +15^0$, also $(\lambda + \mu)_a = 345^0$ und $(\lambda + \mu)_e = 14^0$ und damit

	aus „Tafel für t“	aus „Tafel für t“
auf den Seiten für $L = 320^0$:	für $(\lambda+\mu)_a = 345^0$: 344^0,	für $(\lambda+\mu)_e = 14^0$: 29^0
„ „ „ „ $L = 330$:	„ „ „ : 345	„ „ „ : 30
also für $L' = 323^0$ ist dann	$t_a = 344^0$	$t_e = 29^0$
	$Z = +4.36$	$Z = +4.36$
	$t_a + Z = 348^0.36$	$t_e + Z = 33^0.36$

Mit $348^0.36$ und $33^0.36$ erhält man aus der „Tafel für μ und Zeit“ die mittleren Ortszeiten des Anfanges und Endes der Finsternis für Sardes zu $11^h\,13^m$ und $14^h\,13^m$.

Es ist noch die Gröſse der Finsternis für den höchsten Stand der Sonne in Sardes zu berechnen. Den höchsten Stand erreicht die Sonne im wahren Mittag, also um $12^h\,0^m$ wahre Zeit, damit erhält man aus der „Tafel für μ und Zeit“ $\mu = t_1 = 0^0$. Dann entnimmt man mit dem Horizontalargument $\varphi = +38^0.4$

	aus „Tafel für t“ mit $t_1 = 0$ als Tafelwert	aus „Tafel für Γ“ mit $(\lambda + \mu)_1$ als Vertikalarg.
auf den Seiten für $L = 320^0$:	$(\lambda+\mu)_1 = 355^0$	0.23
„ „ „ „ $L = 330$:	$(\lambda+\mu)_1 = 354$	0.26
also für $L' = 323^0$:	$(\lambda+\mu)_1 = 355^0$	$\Gamma_1 = 0.24$
	$(\lambda+\mu) = 359.1$	$\gamma = +0.79$
	$(\lambda+\mu)_1 - (\lambda+\mu) = -4^0.1$	$\gamma + \Gamma_1 = 1.03$

Mit diesen beiden Gröſsen entnimmt man aus der Tafel: „Gröſse von $1 \pm m$ für einen bestimmten Stundenwinkel“ den Wert

$1 \pm m = 1.16$, und zu diesem findet man wieder in der vorletzten Horizontalreihe für $u_a' = 0.57$ der „Tafel für $(1 \pm m)$. Gröſse der Finsternis" die Gröſse der Finsternis im wahren Mittag von Sardes zu 8.25 Zoll.

II. Berechnung mit Berücksichtigung von Schrams Reduktionstafeln.

Aus Oppolzers Kanon nimmt man mit dem gleichen Argument und an derselben Stelle wie bei I die Gröſsen: Julian. Tag = 1546881, $L' = 323^0$, $Z = +\ 4^0.36$, $P = 171^0.566$, $Q = 173^0.292$, $log\ p = 0.736$, $u_a' = 0.57$, $\mu = 331^0.48$ und $\gamma = +\ 0.7942$. In Schrams Reduktionstafeln schlägt man die Seite mit der Überschrift: $lg(p) = 0.736$ auf und geht mit 1546881 als Argument in die vorderste Kolumne ein, damit findet man $\Delta\, lg\, p = 6$, $\Delta\,\mu = -\ 8.16$ und $\Delta\gamma = \mp\ 34$. Da nun hinter dem Wert von $\Delta\, lg\, p$ ein Punkt steht, so ist sein Vorzeichen gleich dem der Differenz $Q - P$, und da P nahe bei 180^0 liegt, so gilt bei $\Delta\gamma$ das untere Zeichen, also $\Delta\, lg\, p = +\ 6$, $\Delta\mu = -\ 8.16$ und $\Delta\gamma = +\ 34$. Mit $\Delta lg p = 6$ und $\gamma = +0.7942$ geht man in die auf Seite 198 befindliche Tafel für $\Delta_2\gamma$ ein und findet in der Hälfte mit der Überschrift „$(P - Q)$ negativ" damit den Wert $\Delta_2\gamma = +\ 11$. Nun ist

$$\gamma_1 = +\ 0.7942 + 0.0034 + 0.0011 = +\ 0.7987 \text{ und}$$

$$\mu_1 = 331^0.48 - 8^0.16 = 323^0.32.$$

Nunmehr wird die ganze Rechnung nach Schrams Sonnenfinsternistafeln, wie sie unter I ausgeführt wurde, mit genau den gleichen Tafeln wiederholt, nur daſs jetzt für $\lambda + \mu = +\ 28^0.1 + 323^0.3 = 351^0.4$ und für $\gamma = +\ 0.80$ zu nehmen ist. Dadurch erhält man genauere Werte für die unter I berechneten Gröſsen, sodaſs man schlieſslich hat

		Genähert:	Streng:
Gröſste Phase der Finsternis in Sardes	=	10.6 Zoll	11.2 Zoll
Mittlere Zeit des Eintrittes derselben	=	$12^h\ 45^m$	$11^h\ 53^m$
Mittlere Zeit des Anfangs der Finsternis in Sardes	=	11 13	10 21
Mittlere Zeit des Endes der Finsternis in Sardes	=	14 13	13 29
Gröſse der Finsternis beim höchsten Sonnenstande in Sardes	=	8.25 Zoll	8.50 Zoll.

Bestimmung einer Mondfinsternis und Berechnung der Sichtbarkeit derselben für einen gegebenen Ort auf der Erde.

(Siehe: Erster Teil, Seite 30.)

Gegeben: Für einen Ort auf der Erde seine geographische Länge von Greenwich l (in Graden, östlich: positiv, westlich: negativ) und seine geographische Breite Φ (nördlich: positiv, südlich: negativ) und ferner ein Zeitraum von mehreren Jahren, innerhalb dessen eine Mondfinsternis an dem Ort sichtbar gewesen sein soll, von der aufserdem noch Gröfse und Dauer oder Jahreszeit des Eintritts oder ungefähre Nachtstunde der Beobachtung bekannt ist.

Gesucht: Die mittleren Zeiten für den gegebenen Erdort, zu welchen die Finsternis und eventuell auch die Totalität derselben begann und endete, sowie die Angabe darüber, in welchen Phasen die Finsternis für den Ort überhaupt sichtbar war.

I. Berechnung mit Hülfe von Oppolzers Kanon der Finsternisse.

Von den drei Teilen, die der Kanon der Finsternisse aufser der Einleitung umfafst, kommt hier nur Teil

II. Kanon der Mondfinsternisse (Seite 323 bis 376)

in Betracht. Die Tafeln desselben, von denen jede Seite zwei enthält, zerfallen in folgende Kolumnen: die erste enthält die laufende Nummer, die zweite das Datum der Finsternis nach julianischem (bez. von 1583 ab nach gregorianischem) Kalender und zwar die Jahre vor Chr. Geb. in astronomischer Schreibweise, die dritte giebt das gleiche Datum in Tagen der julianischen Periode ausgedrückt, die vierte die Weltzeit der gröfsten Phase der Finsternis, d. h. die bürgerliche Zeit von Greenwich die Stunden von Mitternacht zu Mitternacht von 0^h bis 24^h durchgezählt; die fünfte mit „Gröfse" überschriebene Kolumne giebt den gröfsten Betrag der Finsternis in Zollen und deren Dezimalteilen, wobei alle Finsternisse, die kleiner als 12 Zoll sind, als partielle, alle, die diesen Wert erreichen oder darüber hinausgehen, als totale anzusehen sind. Die folgende Kolumne mit der Überschrift „Halbe Dauer" zerfällt in zwei Abteilungen mit den besonderen Bezeichnungen „Part.“ und „Tot.“, in deren erster die halbe Zeitdauer der ganzen Finsternis, in der zweiten die halbe Zeit, während welcher dieselbe total war, in Zeitminuten ausgedrückt angegeben ist. Es ist selbstverständlich, dafs die Kolumne „Tot.“ bei Finsternissen, die überhaupt nur partiell sind, keine Angabe enthält und ferner, dafs jeder Wert in derselben in dem der vorhergehenden Kolumne „Part.“ enthalten ist; d. h. man erhält die ganze Dauer einer Finsternis, wenn man die in der Kolumne „Part.“ angeführte Zeit verdoppelt, man darf also nicht etwa die Minutenzahlen in den Spalten „Part.“ und „Tot.“ addieren und das Doppelte dieses Wertes als Dauer der Finsternis ansehen. Die letzte Kolumne endlich führt die Überschrift „Mond im Zenith“; sie enthält in zwei Unterabteilungen die geographische Länge „λ“ (östlich von Greenwich positiv, westlich negativ gezählt) und die geographische Breite „φ“ (nördlich positiv, südlich negativ) desjenigen Erdortes, für welchen in der Mitte der Finsternis der Mond im Zenith stand; λ und φ sind in ganzen Graden ausgedrückt. Der Kanon enthält im ganzen diese Angaben für alle 5200 Mondfinsternisse, die sich in den Jahren von 1207 vor Chr. Geb. bis 2163 nach Chr. Geb. ereignet haben, bez. ereignen werden.

Der Gebrauch des Kanons gestaltet sich folgendermafsen: Man schlägt diejenige Tafel auf, welche in ihrer zweiten Kolumne die dem gegebenen Zeitraum angehörenden Datumangaben enthält und findet unter diesen mit Hülfe der bekannten näheren Umstände (Jahreszeit, ungefähre Nachtstunde und Gröfse) leicht die richtige Finsternis heraus; die Zeit der Mitte der Finsternis für den gegebenen Erdort erhält man einfach, indem man die in Zeit verwandelte Länge desselben d. h. also $\frac{l}{15}$ mit seinem Vorzeichen zu der „Weltzeit“ hinzufügt, d. h. den absoluten Wert von $\frac{l}{15}$ zu dieser addiert, wenn der Ort östlich, dagegen von dieser subtrahiert, wenn derselbe westlich von Greenwich liegt. Finden sich zwei oder gar drei verschiedene Finsternisse, welche den gegebenen Umständen entsprechen würden, so mufs man bestimmen, welche von denselben für den gegebenen Erdort überhaupt sichtbar sind, was man für eine Finsternis in folgender Weise ermittelt. Man entnimmt aus der Kolumne „Mond im Zenith" die Gröſsen λ und φ mit ihren Vorzeichen und bildet entweder

$$l - \lambda = h \quad \text{oder} \quad \lambda - l = h,$$

d. h. man bildet unter Berücksichtigung der Vorzeichen von λ und l die Differenz h dieser beiden Werte, doch stets so, daſs h eine positive Gröſse wird. Wird diese Differenz gröſser als 180^0, so zieht man sie von 360^0 ab und nennt den Rest erst h. Also z. B.

$$\lambda = +73^0 \; l = +\;21^0,\; \lambda - l = \;52^0 = h$$

$$\lambda = +21^0 \; l = +\;73^0,\; l - \lambda = \;52^0 = h$$

$$\lambda = +21^0 \; l = -\;73^0,\; \lambda - l = \;94^0 = h$$

$$\lambda = -73^0 \; l = -\;21^0,\; l - \lambda = \;52^0 = h$$

$$\lambda = -73^0 \; l = +134^0,\; l - \lambda = 207^0,\quad h = 360^0 - 207^0 = 153^0.$$

Sodann entnimmt man aus „Tafel VII für den halben Tagbogen $= H$" auf Seite XXXIV der Einleitung zum Kanon mit dem Horizontalargument: Φ und dem Vertikalargument: φ den Winkel H auf ganze Grade abgerundet; dabei ist zu bemerken, daſs Tafel VII nur positive Werte von Φ als Argument enthält; ist nun Φ negativ, d. h. liegt der gegebene Ort südlich vom Äquator, so kehrt man die Vorzeichen von Φ und φ um und geht erst dann mit ihnen in die Tafel ein. Es ist nun die Mitte der Finsternis für den gegebenen Erdort

sichtbar, wenn H gröſser als h ist,

unsichtbar, wenn H kleiner als h ist.

Will man die Sichtbarkeit nicht für die Mitte, sondern für Anfang oder Ende der Finsternis oder der Totalität bestimmen, so hat man ganz ebenso zu verfahren, nur muſs man bei der Berechnung von h statt λ nehmen

$$\lambda + \frac{\text{„Part"}}{4} \quad \text{für den Anfang der Finsternis}$$

$$\lambda + \frac{\text{„Tot"}}{4} \quad \text{für den Anfang der Totalität}$$

$$\lambda - \frac{\text{„Tot"}}{4} \quad \text{für das Ende der Totalität}$$

$$\lambda - \frac{\text{„Part"}}{4} \quad \text{für das Ende der Finsternis.}$$

Hierin bedeuten „Part" und „Tot" die in den mit diesen Überschriften versehenen Kolumnen des Kanon stehenden Zahlenwerte für die betreffende Finsternis, dieselben sind in Zeitminuten ausgedrückt, durch die Division mit 4 werden sie in ganze Grade und deren Dezimalteile umgerechnet. Die Gröſse der Finsternis für den gegebenen Erdort ist direkt die in der Kolumne „Gröſse" stehende, da ja eine Mondfinsternis für alle Orte, für die sie überhaupt sichtbar ist, auch gleiche Gröſse hat. Bezeichnet man die im Kanon angegebene „Weltzeit" für die Mitte einer Finsternis mit W, so ist für den Erdort von der Länge l die mittlere Ortszeit des

Anfanges der Finsternis : $W + \frac{l}{15}$ — „Part"

„ „ Totalität : $W + \frac{l}{15}$ — „Tot"

Ende „ „ : $W + \frac{l}{15}$ + „Tot"

„ „ Finsternis : $W + \frac{l}{15}$ + „Part"

Hierin sind wiederum unter „Part" und „Tot" die Anzahl von Zeitminuten verstanden, die in den gleichnamigen Kolumnen des Kanon bei der betreffenden Finsternis stehen, und von denen man die erstere, wenn nötig, durch vorherige Subtraktion von $60^m = 1^h$ in Stunde und Zeitminuten umwandeln muſs. Die Division der Gröſse l in Graden durch 15 ist nichts weiter als die Umrechnung derselben in Stunden und deren Dezimalteile, welche letzteren man noch durch Multiplikation mit 60 in Minuten zu verwandeln hat.

II. Berechnung unter Berücksichtigung von Schrams Reduktionstafeln.

Die für eine Finsternis im Kanon angeführten Gröſsen sind natürlich nicht absolut richtig, vor allem bedürfen die „Weltzeit" und die Länge „λ" der Verbesserung, denn im ungünstigsten Falle — also besonders bei sehr weit zurückliegenden Finsternissen — kann erstere $1^h\ 20^m$ und letztere etwa 20^0 falsch sein. Kommt es daher bei der Berechnung einer Mondfinsternis auf eine etwas gröſsere Genauigkeit an, so muſs man diese beiden Angaben des Kanon erst mit Hülfe von Schrams Reduktionstafeln verbessern, ehe man die unter I angestellte Berechnung vornimmt. Die gewünschten Verbesserungen erhält man folgendermaſsen. Man sucht im ersten Teil von Oppolzers Kanon — dem „Kanon der Sonnenfinsternisse (Seite 1 bis 322) — diejenige Sonnenfinsternis auf, welche der in Rede stehenden Mondfinsternis am nächsten kommt, d. h. 14 Tage früher oder später fällt, und entnimmt den zu dieser Sonnenfinsternis gehörigen „*log p*" aus dem Kanon. Sodann schlägt man in Schrams Reduktionstafeln diejenige Seite auf, welche in ihrer untersten Zeile hinter der Bezeichnung: „(Argument für Mondfinsternisse: *lg p.* der benachbarten Sonnenfinsternis $= \cdot \cdot \cdot \cdot \cdot$)" eine dem aus dem Kanon entnommenen *log p* möglichst nahekommende Zahl aufweist*). In die ersten Kolumnen der auf dieser Seite stehenden beiden Tafeln geht man mit dem aus dem „Kanon der Mondfinsternisse" für die betreffende Finsternis entnommenen „Julian. Tag" als Argument ein und interpoliert dazu aus der zweiten mit „Δ Weltzeit" überschriebenen Kolumne die in Stunden, Minuten und deren Dezimalteilen ausgedrückte Verbesserung der Weltzeit mit ihrem Vorzeichen und aus der letzten mit „$\Delta\lambda$" bezeichneten Spalte die in ganzen Graden angegebene Verbesserung von λ ebenfalls mit ihrem Vorzeichen. Unter strenger Berücksichtigung dieser werden die beiden so gefundenen Korrektionen an die betreffenden Gröſsen im Kanon der Mondfinsternisse angebracht und nun erst die unter I angegebenen Bestimmungen von Sichtbarkeit und Ortszeiten ausgeführt. Sind die letzteren etwa schon vorher mit dem unkorrigierten Wert der Weltzeit aus dem Kanon bestimmt, so bringt man die aus den Reduktionstafeln entnommene Verbesserung der Weltzeit direkt unter genauer Beachtung ihres Vorzeichens an den Ortszeiten an; bei der Berechnung der Sichtbarkeit ist ein solches direktes Anbringen von $\Delta\lambda$ an h nicht statthaft, sondern $\Delta\lambda$ muſs immer nach Maſsgabe seines Vorzeichens an λ angebracht und die Bestimmung von h wiederholt werden, während H natürlich ungeändert bleibt.

Zu beachten: Man wird die aus Schrams Reduktionstafeln folgenden Verbesserungen von Weltzeit und λ nur in seltneren

---

*) Diese Zahl ist auf den Seiten 244, 245 und 253 der Reduktionstafeln verdruckt; es muſs auf Seite 244: 0.7012 statt 0.6712, auf Seite 245: 0.7001 statt 0.6701 und auf Seite 253: 0.6914 statt 0.6904 heiſsen.

Fällen zu berücksichtigen haben, da die vom Kanon gelieferte Genauigkeit für die meisten chronologischen Zwecke vollkommen ausreicht. Nur wenn die Finsternis sehr weit in der Vergangenheit liegt oder der gegebene Erdort nahe an die Grenze des Gebietes fällt, in welchem die Finsternis sichtbar ist, mufs man mit aller Strenge rechnen. Ob der Ort nahe an der Sichtbarkeitsgrenze liegt, erkennt man daraus, dafs H und h entweder für die Mitte oder für Anfang und Ende der Finsternis oder der Totalität einander nahezu gleich werden. Werden sie beide für einen dieser fünf Zeitpunkte wirklich gleich, so heifst das, der Mond steht in dem Augenblicke im Horizont des gegebenen Ortes; je kleiner h gegenüber H ist, desto höher steht der Mond am Himmel; ist h gleich Null, so befindet sich der Mond im Meridian des Beobachtungsortes, hat also seine gröfste Erhebung über den Horizont desselben. Die Werte von H schwanken zwischen 58^0 und 122^0.

Für das laufende Jahrhundert kann man sich die Berechnung einer Mondfinsternis ersparen, wenn man eines der astronomischen Jahrbücher: „Connaissance des Temps“, „The Nautical Almanac“ oder das „Berliner Astronomische Jahrbuch“ für das betreffende Jahr, in welches die Finsternis fallen soll, zur Hand hat, da in diesen die Finsternisse vorausberechnet sind.

Beispiel.

Nach den Angaben von Livius (XLIV. 37), Plutarch (Äm. Paul. 17), Plinius (H. N. II. 12.) und anderen hat vor der Schlacht bei Pydna eine totale Mondfinsternis in den ersten Nachtstunden stattgefunden. Die genannte Schlacht ist im heifsen Sommer zwischen den Jahren 173 bis 162 vor Chr. Geb. geschlagen worden. Wann fand die fragliche Mondfinsternis statt, und in welchen Phasen und zu welchen Zeiten war dieselbe in Pydna ($l = +22^0.6$, $\Phi = +40^0.3$) sichtbar?

Die in den Zeitraum von -172 bis -161 (astronomisch) fallenden 17 Mondfinsternisse stehen im Kanon auf Seite 340 bis 341. Unter diesen sind nur drei totale, die in einen Sommer fallen, nämlich die Finsternisse: -170 VIII 23, -167 VI 21, -166 VI 11. Nun ist $\frac{l}{15} = +1^h.5 = +1^h\,30^m$, und indem man diesen Wert zu den Weltzeiten hinzufügt, erhält man die mittleren Ortszeiten von Pydna, zu welchen die Mitte jeder dieser drei Finsternisse eintrat, und zwar sind diese für die erste: $16^h 13^m$ ($= 4^h 13^m$ nachmittags), für die zweite: $20^h 26^m$ ($= 8^h 26^m$ abends) und für die dritte: $2^h 23^m$ ($= 2^h 23^m$ morgens). Da nun die fragliche Finsternis in den ersten Nachtstunden eingetreten sein soll, so kann nur von der am 21. Juni — 167 stattgehabten Finsternis die Rede sein. Für diese ist nach dem Kanon:

$W = 18^h 56^m$	„Part“ $= 106^m$	$\lambda = +76^0$
Gröſse = 15.1 Zoll	„Tot“ $= 36^m$	$\varphi = -24^0$.

Aus „Tafel VII für den halben Tagbogen“ findet man mit dem Horizontalargument: $\Phi = +40^0$ und dem Vertikalargument: $\varphi = -24^0$ den Wert: $H = 68^0$. Nun ist

$$\lambda + \frac{\text{„Part“}}{4} = +76^0 + 26^0.5 = 102^0.5;\quad \lambda + \frac{\text{„Part“}}{4} - l = 102^0.5 - 22^0.6 = 79^0.9 = h_1$$

$$\lambda + \frac{\text{„Tot“}}{4} = +76 + 9.0 = 85.0;\quad \lambda + \frac{\text{„Tot“}}{4} - l = 85.0 - 22.6 = 62.4 = h_2$$

$$\lambda - l = 76.0 - 22.6 = 53.4 = h_3$$

$$\lambda - \frac{\text{„Tot“}}{4} = +76 - 9.0 = 67.0;\quad \lambda - \frac{\text{„Tot“}}{4} - l = 67.0 - 22.6 = 44.4 = h_4$$

$$\lambda - \frac{\text{„Part“}}{4} = +76 - 26.5 = 49.5;\quad \lambda - \frac{\text{„Part“}}{4} - l = 49.5 - 22.6 = 26.9 = h_5$$

Es befand sich also der Mond in Pydna

bei Beginn der Finsternis unter dem Horizont, weil h_1 gröſser als H
„ „ „ Totalität über „ „ , „ h_2 kleiner „ H
„ Mitte „ „ „ „ „ , „ h_3 „ „ H
„ Ende „ „ „ „ „ , „ h_4 , „ H
„ „ „ Finsternis „ „ „ , „ h_5 „ „ H

ist. Die mittleren Zeiten von Pydna (Stunden von Mitternacht zu Mitternacht von 0^h—24^h durchgezählt) sind für

Beginn d. Finsternis: $W + \frac{l}{15} -$ „Part“ $= 18^h 56^m + 1^h 30^m - 1^h 46^m = 18^h 40^m$

„ „ Totalität: $W + \frac{l}{15} -$ „Tot“ $= 18\ 56 + 1\ 30 - 0\ 36 = 19\ 50$

Mitte „ „ : $W + \frac{l}{15}$ $= 18\ 56 + 1\ 30 = 20\ 26$

Ende „ „ : $W + \frac{l}{15} +$ „Tot“ $= 18\ 56 + 1\ 30 + 0\ 36 = 21\ \ 2$

„ „ Finsternis: $W + \frac{l}{15} +$ „Part“ $= 18\ 56 + 1\ 30 + 1\ 46 = 22\ 12$.

Unter Berücksichtigung von Schrams Reduktionstafeln stellen sich die Bestimmungen folgendermafsen:

Die Mondfinsternis vom — 167 VI 21 oder dem „Julian. Tag“ = 1660233 wird von den beiden Sonnenfinsternissen („Kanon“ Seite 100) — 167 VI 7 und — 167 VII 6 eingeschlossen, von denen die erste 14 die zweite 15 Tage von ihr absteht, sodafs die erstere der Mondfinsternis am nächsten benachbart ist, weshalb der zu dieser gehörige $\log p = 0.6999$ als Argument für die Schramsche Tafel dient. Der demselben am meisten sich annähernde Wert in der untersten Zeile ist 0.7001*) auf Seite 245 der Reduktionstafeln. Mit dem Argumente 1660233 findet man aus den Tafeln auf dieser Seite: Δ Weltzeit $= - 0^h 21^m.2$ und $\Delta\lambda = + 5^0$. Also sind die verbesserten mittleren Zeiten von Pydna für

Beginn der Finsternis:	$18^h 40^m$	$- 0^h 21^m$	$=$	$18^h 19^m$
„ „ Totalität:	19 50	— 0 21	=	19 29
Mitte „ „ :	20 26	— 0 21	=	20 5
Ende „ „ :	21 2	— 0 21	=	20 41
„ „ Finsternis:	22 12	— 0 21	=	21 51.

Für λ ist jetzt zu setzen $\lambda + \Delta\lambda = 76^0 + 5^0 = 81^0$, damit erhält man jetzt

$$h_1 = 84^0.9, \quad h_2 = 67^0.4, \quad h_3 = 58^0.4, \quad h_4 = 49^0.4, \quad h_5 = 31^0.9$$

und da H unverändert $= 68^0$ bleibt, so stand also der Mond in Pydna bei

Beginn der Finsternis	unter dem Horizont,	weil h_1	gröfser als H	ist.
„ „ Totalität	im „	, „ h_2	nahe gleich H	„
Mitte „ „	über dem „	, „ h_3	kleiner als H	„
Ende „ „	„ „ „	, „ h_4	„ „ H	„
„ „ Finsternis	„ „ „	, „ h_5	„ „ H	„

Der Mond ging also mit Beginn der totalen Finsternis für Pydna auf, und die Finsternis war $21^h 51^m - 19^h 29^m = 2^h 22^m$ später zu Ende.

*) Bei Schram steht irrtümlich 0.6701 statt 0.7001; siehe die Anmerkung auf Seite 124.

Berechnung der mittleren Zeiten, zu welchen ein Stern (oder die Sonne) an einem bestimmten Tage für einen gegebenen Ort auf der Erde auf- und unterging.

(Siehe: Erster Teil, Seite 35 ff.)

Berechnung mit Hülfe von Wislicenus' Tafeln.

Gegeben: Die Rektascension α (in Graden) und Deklination δ (nördlich: positiv, südlich: negativ) des Sternes [oder die Deklination Δ (nördlich: positiv, südlich: negativ) der Sonne] sowie die Zeitgleichung w (mit Vorzeichen im Sinne: wahre Zeit — mittlere Zeit) und die Sternzeit ϑ_0 im mittleren Mittag des bestimmten Tages an dem gegebenen Erdort, dessen geographische Breite φ (nördlich: positiv, südlich: negativ) ist.

Gesucht: Die mittleren Ortszeiten M_a und M_u, zu welchen der Stern (oder die Sonne) an dem Tage für den betreffenden Erdort auf- und unterging.

I. Berechnung des Auf- und Unterganges eines Sternes.

Man braucht die Gröfsen α und δ für den Stern, beide in Graden und deren Dezimalteilen ausgedrückt, nur für das Jahr, in welchem der gegebene Tag liegt, zu kennen (Berechnungsart siehe Seite 63 ff.). Man entnimmt aus „Tafel III" der Wislicenus'schen Tafeln (Seite 32—35) mit dem Horizontalargument δ und dem Vertikalargument φ den Winkel a (in Graden und deren Dezimalteilen) und dieser erhält das $\left\{\begin{matrix}\text{positive}\\\text{negative}\end{matrix}\right\}$ Vorzeichen, wenn δ und φ $\left\{\begin{matrix}\text{gleiche}\\\text{entgegengesetzte}\end{matrix}\right\}$ Vorzeichen haben. Dann bildet man

$$\vartheta_a = \frac{\alpha - (90^0 + a)}{15} \quad \text{und} \quad \vartheta_u = \frac{\alpha + (90^0 + a)}{15},$$

wobei das Vorzeichen von a genau zu berücksichtigen und in der Formel für ϑ_a der Winkel α um 360^0 zu vergröfsern ist, sobald $90^0 + a$ gröfser als α wird. Dann ist die mittlere Ortszeit (die Stunden von Mittag zu Mittag von 0^h bis 24^h durchgezählt)

für den Aufgang des Sternes: $M_a = (\vartheta_a - \vartheta_0) . 0.99727$

„ „ Untergang „ „ : $M_u = (\vartheta_u - \vartheta_0) . 0.99727,$

wobei ϑ_a oder ϑ_u um 24 Stunden zu vergröfsern ist, sobald eine dieser beiden Gröfsen sich kleiner als ϑ_0 ergiebt. Da man ϑ_a und ϑ_u durch die Rechnung in Stunden und deren Dezimalteilen findet, so ist es praktisch, ϑ_0 ebenso auszudrücken und erst nach der Multiplikation mit 0,99727 die Verwandlung der Dezimalteile der Stunden in Zeitminuten (durch Multiplikation mit 60) vorzunehmen. Für viele chronologische Zwecke wird die Multiplikation mit 0,99727, die nichts weiter als die Umwandlung von Sternzeit in mittlere Zeit ist, ganz unterbleiben können, denn da dieser Dezimalbruch so wenig von 1 verschieden ist, so wird das Zeitintervall $(\vartheta_a - \vartheta_0)$ oder $(\vartheta_u - \vartheta_0)$ dadurch nur sehr wenig verkürzt werden; unterläfst man die Multiplikation, so kann dadurch im ungünstigsten Fall ein Fehler von 3,9 Zeitminuten entstehen. Will man sich jedoch diese Vernachlässigung nicht erlauben, sondern möglichst genaue Werte erhalten, so kann man die Multiplikation dadurch vermeiden, dafs man sich einer der „Tafeln zur Verwandlung der Sternzeit in mittlere Zeit“ bedient, wie solche in den verschiedenen astronomischen Jahrbüchern und auch in manchen Logarithmentafeln enthalten sind. Aus einer solchen Tafel entnimmt man mit $\vartheta - \vartheta_0$ als Argument einen in Zeitminuten und -Sekunden ausgedrückten Wert, den man von $\vartheta - \vartheta_0$ abzieht, wodurch man die gleiche Gröfse findet, als wenn man $\vartheta - \vartheta_0$ mit 0.99727 multipliziert hätte. Hat man keine solche Tafel zur Hand, so kann man den von $\vartheta - \vartheta_0$ abzuziehenden Wert dadurch erhalten, dafs man diese Gröfse in Stunden und deren Dezimalteilen ausgedrückt mit 9.83 Sekunden multipliziert, d. h. es ist die zu ϑ gehörende

$$\text{mittlere Zeit} = (\vartheta - \vartheta_0) - (\vartheta - \vartheta_0) \times 9^s.83.$$

II. Berechnung des Auf- und Unterganges der Sonne.

Bei der im Vergleich zu den Sternen ziemlich schnellen Änderung der Deklination der Sonne müfste man eigentlich diese Gröfse für die erst zu bestimmenden Zeiten des Sonnenauf- und -Unterganges kennen, um diese Zeitangaben genau ermitteln zu können, doch genügt es für alle vorliegenden Zwecke vollständig, wenn man die Bestimmung mit Hülfe der Sonnendeklination Δ anstellt, welche im mittleren Mittag des betreffenden Tages, für welchen die Auf- und Untergangszeiten berechnet werden sollen, eintrat. Man entnimmt mit $\varDelta$ und φ aus der „Tafel III“, genau wie oben unter I angegeben, die Winkelgröfse a, dann ist die mittlere Ortszeit (die Stunden von Mittag zu Mittag von 0^h bis 24^h durchgezählt)

$$\text{für den Aufgang der Sonne: } M_a = \frac{270^0 - a}{15} - w$$

$$\text{„ „ Untergang „ „ : } M_u = \frac{90^0 + a}{15} - w.$$

Hierin ergeben sich bei der Division mit 15 die Ausdrücke: $\frac{270^0 - a}{15}$ und $\frac{90^0 + a}{15}$ in Stunden und deren Dezimalteilen, welche letzteren man durch Multiplikation mit 60 in Minuten und deren Dezimalen ausdrückt; w wird ebenfalls in Minuten und Dezimalteilen derselben ausgedrückt.

Zu beachten: Die Resultate, die man nach den angegebenen Methoden erhält, sind auch bei ganz strenger Rechnung nicht ganz genau, weil in „Tafel III“ die Refraktion, welche den Aufgang verfrüht und den Untergang verspätet, nicht berücksichtigt ist, wodurch die mittleren Zeiten des Auf- und Unterganges sich mindestens 2^m und höchstens $1^h 17^m$ falsch ergeben können. Dieser letztere Fehler tritt nur in einigen wenigen ganz extremen Fällen auf, die in der Praxis so gut wie niemals vorkommen werden; im allgemeinen wird man durch den Gebrauch von „Tafel III“ die Aufgangszeiten um einige Minuten zu grofs, die Untergangszeiten um ebensoviel zu klein erhalten. — Die Methoden zur Berechnung von $\varDelta$, ϑ_0 und w finden sich auf Seite 82 ff., und zwar erhält man w gleich mit dem hier geforderten Vorzeichen. — Da absolut genaue Resultate mit der ganzen Methode nicht zu erlangen sind, so genügt es, die Rechnung überall bis auf zwei Dezimalstellen der Grade und Stunden durchzuführen, denn dann erhält man bei Verwandlung der Dezimalteile in Minuten (durch Multiplikation mit 60) schon die Zehntel der Minute, eine überflüssige Genauigkeit, da sich die Auf- und Untergänge der Gestirne garnicht so genau beobachten lassen. Zu etwaigen Verwandlungen von Bogenminuten und -Sekunden in Dezimalteile des Grades dient „Tafel I“ der Wislicenus'schen Tafeln. Bei Benutzung von

„Tafel III“ sind — wenn nötig — die auf Seite 52 ff. gegebenen Vorschriften über die Interpolation zu berücksichtigen.

Beispiel.

Es sind die mittleren Auf- und Untergangszeiten der Plejaden und der Sonne am 28. Juni 432 vor Chr. Geb. für Athen zu berechnen. — In dem Beispiel auf Seite 69 ist für das Jahr — 431 gefunden worden: η Tauri (Alcyone, Mittelpunkt der Plejaden)

$$\alpha = 22^0 52' 16'' = 22^0.871 \quad \text{und} \quad \delta = +13^0 46' 11'' = +13^0.770,$$

während sich aus dem Beispiel auf Seite 85 u. 86 für den mittleren Mittag von Athen des 28. Juni — 431 ergab: $\varDelta = +23^0.753$, $\vartheta_0 = 6^h 3^m 45^s$ und $w = +4^m 12^s$ (wahre Zeit — mittlere Zeit). Die nördliche geographische Breite von Athen ist $\varphi = +37^0.97$.

Rechnung für die Plejaden.

Mit $\varphi = +37^0.97$ und $\delta = +13^0.77$ entnimmt man aus „Tafel III“

$a = +11^0.028$ (positiv, weil φ und δ gleiches Vorzeichen haben.)

$$\vartheta_a = \frac{22^0.871 - 101^0.028}{15} = \frac{382^0.871 - 101^0.028}{15} = \frac{281^0.843}{15} = 18^h.79$$

$$= 18^h 47^m.4$$

$$\vartheta_u = \frac{22^0.871 + 101^0.028}{15} = \frac{123^0.899}{15} = 8^h.26 = 8^h 15^m.6$$

$$\vartheta_0 = 6^h 3^m.7, \qquad \vartheta_a - \vartheta_0 = 12^h 43^m.7, \qquad \vartheta_u - \vartheta_0 = 2^h 11^m.9$$

$$M_a = (12^h 43^m.7) \cdot 0.99727 = 12^h 41^m.6;$$

$$M_u = (2^h 11^m.9) \cdot 0.99727 = 2^h 11^m.5$$

d. h. die Plejaden gehen am 28. Juni — 431 in Athen nachts $12^h 41^m.6$ auf und nachmittags $2^h 11^m.5$ unter.

Berechnung für die Sonne.

Mit $\varphi = +37^0.97$ und $\varDelta = +23^0.75$ entnimmt man aus „Tafel III“

$a = +20^0.089$ (positiv, weil φ und δ gleiches Vorzeichen haben.)

$$M_a = \frac{270^0 - 20^0.089}{15} - 4^m.2 = \frac{249^0.911}{15} - 4^m.2 = 16^h.66 - 4^m.2$$

$$= 16^h 39^m.6 - 4^m.2 = 16^h 35^m.4$$

$$M_u = \frac{90^0 + 20^0.089}{15} - 4^m.2 = \frac{110^0.089}{15} - 4^m.2 = 7^h.34 - 4^m.2$$
$$= 7^h 20^m.4 - 4^m.2 = 7^h 16^m.2$$

d. h. die Sonne geht am 28. Juni — 431 in Athen morgens $4^h 35^m.4$ auf und abends $7^h 16^m.2$ unter.

Berechnung der Tage, an denen in einem bestimmten Jahre die jährlichen Auf- und Untergänge eines bekannten Sternes für einen gegebenen Ort auf der Erde eintreten.

(Siehe: Erster Teil, Seite 38 ff.)

Berechnung mit Hülfe von Wislicenus' Tafeln und Schrams Zodiakaltafel.

Gegeben: Die Rektascension α und Deklination δ, sowie die Helligkeit H des Sternes für das Jahr J und die geographische Breite φ (nördlich: positiv, südlich: negativ) des Erdortes.

Gesucht: Das Datum D (Monat und Tag), zu welchem irgend einer der jährlichen Auf- oder Untergänge des gegebenen Sternes im Jahre J für die Breite φ eintrat.

Ist nur das Jahr J und der Name des Sternes gegeben, so kann man die Gröſsen α, δ und H (letzteres in Gröſsenklassen) nach dem Verfahren auf Seite 63 ff. finden. Dann rechnet man nach Wislicenus' Tafeln folgendermaſsen. Die in Graden, Bogenminuten und Bogensekunden ausgedrückten Winkel α, δ und φ verwandelt man mittelst „Tafel I" in Grade und deren Dezimalteile. Die für das Jahr J (in astronomischer Schreibweise) geltende Schiefe der Ekliptik ε findet man, indem man aus „Tafel II A" einen Wert von ε für das zu J nächst niedrigere Jahrhundert t entnimmt und $J - t$ unter strenger Berücksichtigung der Vorzeichen (vor Chr. Geb. beide negativ) bildet. Mit $J - t$ als Argument findet man aus „Tafel II B" einen Wert der „Änderung von ε" mit seinem Vorzeichen, welches dem von $J - t$ entgegengesetzt ist, und bringt diese Gröſse unter Beachtung des Vorzeichens an dem aus „Tafel II A" entnommenen Werte an, wodurch man zu dem zu J gehörenden ε gelangt. Für Zeiten $\left\{\begin{matrix}\text{vor}\\\text{nach}\end{matrix}\right\}$ Chr. Geb. ist J, t und damit auch

$J - t \begin{Bmatrix} \text{negativ} \\ \text{positiv} \end{Bmatrix}$, folglich ist dann die „Änderung von ε“ aus „Tafel II B“ $\begin{Bmatrix} \text{positiv} \\ \text{negativ} \end{Bmatrix}$, d. h. die Werte aus „Tafel II A“ sind um die aus „Tafel II B“ zu $\begin{Bmatrix} \text{vermehren} \\ \text{vermindern} \end{Bmatrix}$. Man erhält ε wie auch alle anderen Werte aus den Wislicenus'schen Tafeln in Graden und deren Dezimalteilen ausgedrückt. Aus „Tafel III“ nimmt man mit δ als Horizontal- und φ als Vertikalargument den Winkelwert a, der immer spitz ist, d. h. zwischen 0^0 und 90^0 liegt, und nur dann das negative Vorzeichen erhält, wenn δ und φ verschiedenes Vorzeichen haben. Dann bildet man

$$b = \alpha \mp a,$$

wo das obere Vorzeichen zu benutzen ist, wenn es sich um die Berechnung von einem der jährlichen Aufgänge, dagegen das untere, wenn es sich um die eines der jährlichen Untergänge handelt. Mit ε als Horizontal- und b als Vertikalargument geht man nun in die „Tafeln IV bis VI“*) ein, wobei zu bemerken ist, daſs diese drei Tafeln nur für Werte von b, die im ersten Quadranten, also zwischen 0^0 und 90^0, liegen, berechnet sind. Ist nun b gröſser als 90^0, so braucht man den Winkel nicht selbst als Argument, sondern statt dessen, wenn er im

zweiten Quadranten, also zwischen 90^0 und 180^0 liegt, seine Ergänzung zu 180^0.

dritten Quadranten, also zwischen 180^0 und 270^0 liegt, seinen Überschuſs über 180^0.

vierten Quadranten, also zwischen 270^0 und 360^0 liegt, seine Ergänzung zu 360^0.

Mit b und ε erhält man aus:

„Tafel IV“ den Winkel c, der immer spitz ist und nur dann das negative Vorzeichen erhält, wenn b im dritten oder vierten Quadranten liegt oder selbst negativ ist.

„Tafel V“ den Winkel d, der stets im gleichen Quadranten wie b liegt und auch mit diesem gleiches Vorzeichen hat. Nun

---

*) In „Tafel V“ befindet sich folgender Druckfehler: Für $\varepsilon = 23^0.6$ und $b = 86^0$ muſs der Tafelwert 85.636 statt 84.636 heiſsen.

ergiebt sich Winkel d aus „Tafel V“ direkt stets kleiner als 90°; diesen direkt gefundenen Wert mufs man

von 180° subtrahieren, wenn d im zweiten Quadranten, also zwischen 90° und 180°

zu 180° addieren, wenn d im dritten Quadranten, also zwischen 180° und 270°

von 360° subtrahieren, wenn d im vierten Quadranten, also zwischen 270° und 360°

liegen soll; nur wenn b im ersten Quadranten, also zwischen 0° und 90° liegt, ist der aus „Tafel V“ direkt gefundene Wert gleich dem in der ferneren Rechnung zu verwendenden Winkel d.

„Tafel VI“ den Winkel e, der stets positiv ist. Liegt b im ersten oder vierten Quadranten, so ist e direkt der aus „Tafel VI“ gefundene Wert, liegt jedoch b zwischen 90° und 270°, so mufs man den aus „Tafel VI“ direkt gefundenen Wert erst von 180° abziehen, um Winkel e zu erhalten, d. h. in diesem Falle ist e ein stumpfer Winkel.

Nun bildet man

$$f = \varphi \mp e \pm 90^0,$$

wo wiederum die oberen Vorzeichen bei der Berechnung von jährlichen Aufgängen, die unteren dagegen bei der von jährlichen Untergängen gelten. Winkel f ergiebt sich bei richtiger Rechnung stets kleiner als 84°. Mit f als Horizontal- und c als Vertikalargument geht man nun in die „Tafeln VII und VIII“ ein und entnimmt aus ersterer damit Winkel g, der immer spitz (d. h. kleiner als 90°) ist und nur dann das negative Vorzeichen enthält, wenn f und c verschiedenes Vorzeichen haben. Aus „Tafel VIII“ findet man mit den genannten Argumenten Winkel h, der immer spitz und positiv ist. Nun bestimmt man den Sehungsbogen β aus der in dem Kapitel des ersten Teiles „Die täglichen und jährlichen Auf- und Untergänge der Gestirne“ auf Seite 43 enthaltenen „Tafel der Werte des Sehungsbogens (β)“ mit der Helligkeit H des gegebenen Sternes als Vertikalargument aus der zweiten oder dritten Kolumne, je nachdem es sich um einen scheinbaren akronychischen Auf- und kosmischen Untergang oder um einen heliakischen Auf- und Untergang handelt. Mit β als Horizontal- und h als Vertikalargument entnimmt man aus „Tafel IX“ den Winkel i, der immer spitz und positiv ist. Dann erhält man die Länge (λ) der Sonne, welche dieselbe bei dem zu berechnenden jährlichen Auf- oder Untergange einnahm, aus den Formeln

$\lambda = d + g + i$ für einen heliakischen Aufgang
$\lambda = d - g - i$ „ „ „ Untergang
$\lambda = d + g + 180^0 - i$ für einen scheinbaren akronychischen Aufgang
$\lambda = d - g + 180^0 + i$ für einen scheinbaren kosmischen Untergang.

Da bei den wahren jährlichen Auf- und Untergängen $\beta = 0$ ist, so wird auch Winkel $i = 0$ und die Bestimmung von Winkel h überflüssig, mithin braucht man dann die Tafeln VIII und IX nicht. Es ergiebt sich

$\lambda = d + g$ für einen wahren kosmischen Aufgang
$\lambda = d - g + 180^0$ „ „ „ „ Untergang
$\lambda = d + g + 180^0$ „ „ „ akronychischen Aufgang
$\lambda = d - g$ „ „ „ „ Untergang.

Diese ganze Berechnungsart gilt zunächst für Orte mit nördlicher geographischer Breite, d. h. also für positive Werte von φ; hat man jedoch die Berechnung für einen Punkt der südlichen Halbkugel auszuführen, so mufs man beim Gebrauch der Tafeln φ stets mit dem negativen Zeichen versehen anwenden und es auch so in die folgenden Formeln für f, die dann in Geltung treten, einführen. Es ist in diesem Falle zu setzen:

$$f = e - 90^0 - \varphi$$

für die jährlichen Aufgänge, dagegen

$$f = 90^0 - e - \varphi$$

für die jährlichen Untergänge. Schliefslich mufs man bei der Berechnung für südliche Breiten in den obigen Formeln für die Sonnenlänge λ das Vorzeichen von g gerade herumdrehen, also für $+$ ein $-$ setzen und umgekehrt.

Hat man nun also die Länge der Sonne λ berechnet, die diese bei dem fraglichen jährlichen Auf- oder Untergange hatte, so kann man nach dem auf Seite 81 ff. erörterten Verfahren das

Datum D (Monat, Tag und Stunde) bestimmen, zu welchem im Jahre J die Sonne die Länge λ erreichte.

Zu beachten: Es wird in den seltensten Fällen eintreffen, dafs die Sonne die berechnete Länge λ genau am Morgen bez. am Abend für den Beobachtungsort erreicht, sondern man wird häufig finden, dafs sie dieselbe zu einer beliebigen Tag- oder Nachtstunde passiert, dann mufs man entscheiden, ob der vor dieser Stunde liegende Auf- oder Untergang oder der darauffolgende als der gesuchte anzusehen ist; diese Entscheidung trifft man am besten nach der wirklichen Helligkeit des Sternes. Bei der Bestimmung des Sehungsbogens β rundet man die Helligkeit des Sternes auf die nächstliegende volle Gröfsenklasse ab, also verkleinert oder vergröfsert dieselbe dadurch etwas; dann erhält man aber auch die Sonnenlänge λ je nach dem in Rede stehenden Phänomen entweder etwas zu grofs oder etwas zu klein. Fällt also das berechnete Datum zwischen zwei Sonnenauf- oder -untergänge mitten hinein, so nimmt man, wenn der Stern bei der Abrundung seiner Helligkeit schwächer angenommen wurde, für den heliakischen Aufgang und den scheinbaren kosmischen Untergang den vorhergehenden Sonnenaufgang, und für den heliakischen Untergang und den scheinbaren akronychischen Aufgang den nachfolgenden Sonnenuntergang. Wurde der Stern bei der Abrundung heller angenommen als in Wirklichkeit, so tritt die umgekehrte Regel in Anwendung. Dabei ist wohl zu beachten, dafs die Helligkeit des Sternes mit der wachsenden Zahl der Gröfsenklasse abnimmt, dafs also ein Stern dritter Gröfse schwächeres Licht hat, als ein solcher zweiter Gröfse. — Bei Benutzung der Wislicenus'schen Tafeln sind die früher auf Seite 52 ff. gegebenen Vorschriften über Interpolation genau innezuhalten, wenn es einem auf die irgend erreichbare gröfste Genauigkeit ankommt; ist dies nicht der Fall, so braucht man einmal die Interpolation nicht mit aller Strenge durchzuführen, ferner aber auch die aus den „Tafeln III bis IX“ in Graden und deren Dezimalteilen sich ergebenden Winkel nicht mit voller Schärfe, d. h. auf drei Dezimalen, wie sie die Tafeln liefern, zu entnehmen, sondern man kann sich mit zwei Dezimalstellen, also mit Hundertstel-Graden, begnügen. Die in der obigen Anweisung gegebenen Vorschriften über die Gröfsen und Vorzeichen der aus den Tafeln zu entnehmenden Winkel stehen auch unter den einzelnen Tafeln. Die Argumente schreiten im allgemeinen von Grad zu Grad fort, nur in den „Tafeln IV, V und VI“ sind bei dem Horizontalargument ε die Intervalle $0^0.2$. —

Beispiel.

Censorinus sagt in seinem „Liber de die natali“ cap. 21, dafs der Sirius im Jahr 139 nach Chr. Geb. am 20. Juli in Ägypten heliakisch aufgegangen sei. Ist das richtig?

Als geographische Breite kann man $\varphi = +\,30^0.0$ (Unter-Ägypten) annehmen. Der Sirius ist etwa zwei Gröfsenklassen heller als ein Stern erster Gröfse (siehe Seite 65), doch wird seine Gröfse abgerundet zu erster Klasse angenommen, also ist nach der Tafel auf Seite 43 für den heliakischen Aufgang der Sehungsbogen $\beta = 11^0$. Für das Jahr + 139 ist beim Sirius: $\alpha = 80^0\,46'\,20''$ und $\delta = -\,15^0\,54'\,1''$. Nun ist nach den Wislicenus'schen Tafeln:

(Fortsetzung siehe folgende Seite.)

Tafel I: $46'\,12'' = 0^{0}.77$ $\qquad$ $54'\,0'' = 0^{0}.90$

$8'' = 0^{0}.002$ $\qquad$ $1'' = 0^{0}.000$

$46'\,20'' = 0^{0}.772$ also $\alpha = 80^{0}.772$. $\qquad$ $54'\,1'' = 0^{0}.900$ also $\delta = -15^{0}.900$.

Tafel II A: Für $t = +100$: $\qquad \varepsilon = 23^{0}.685$

„ II B: „ $J - t = +139 - 100 = +39$: Änderung von $\varepsilon = -0^{0}.005$

Für $J = +139$ ist die Schiefe der Ekliptik $\varepsilon = 23^{0}.680$

Tafel	Horizontalargumente.	Vertikalargumente.	Tafelwerte.
III	$\delta = -15^{0}.900$	$\varphi = +30^{0}.0$	$a = -9^{0}.466$ (negativ, weil δ und φ entgegengesetzte Vorzeichen haben.)
			$\alpha = 80^{0}.772$
			$b = 90^{0}.238 = \alpha - a$
IV	$\varepsilon = 23^{0}.680$	$b = 180^{0} - 90^{0}.238 = 89^{0}.762$	$c = +23^{0}.679$
V	$\varepsilon = 23^{0}.680$	$b = 180^{0} - 90^{0}.238 = 89^{0}.762$	$d = 180^{0} - 89^{0}.740 = +90^{0}.260$
VI	$\varepsilon = 23^{0}.680$	$b = 180^{0} - 90^{0}.238 = 89^{0}.762$	$e = 180^{0} - 89^{0}.896 = +90^{0}.104$
			$\varphi = +30^{0}.000$
			$90^{0} = 90^{0}.000$
			$\varphi - e + 90^{0} = f = +29^{0}.896$
VII	$f = 29^{0}.896$	$c = 23^{0}.679$	$g = +13^{0}.002$
VIII	$f = 29^{0}.896$	$c = 23^{0}.679$	$h = 62^{0}.842$
IX	$\beta = 11^{0}.0$	$h = 62^{0}.842$	$i = +12^{0}.384$
			$d + g + i = \lambda = 115^{0}.646$

In dem Beispiel auf Seite 82 ist berechnet, dafs die Sonne die Länge λ im Jahre + 139 am 21. Juli morgens $2^h\,53.^m4$ bürgerliche Zeit Greenwich erreichte. Da nun der Sirius volle zwei Gröfsenklassen heller ist als ein Stern erster Gröfse, so kann sein heliakischer Aufgang sehr wohl schon am 20. Juli morgens beobachtet worden sein.

Berechnung der Position eines Sternes aus seinen jährlichen Auf- und Untergängen in einem bestimmten Jahre für einen gegebenen Ort auf der Erde.

(Siehe: Erster Teil, Seite 38 ff.)

Berechnung mit Hülfe von Schrams Zodiakaltafel und von Wislicenus' Tafeln.

Gegeben: Die Daten (Monate und Tage) D_a eines jährlichen Auf- und D_u eines jährlichen Unterganges eines und desselben unbekannten Sternes von der Helligkeit H im Jahre J für den Erdort, dessen geographische Breite φ (nördlich: positiv, südlich: negativ) ist.

Gesucht: Die Rektascension α und Deklination δ des Sternes für das Jahr J.

Man fügt den Daten D_a und D_u die ungefähre Stunde des Auf- oder Unterganges zu, indem man den Eintritt eines heliakischen Auf- und eines scheinbaren kosmischen Unterganges rund auf 6 Uhr morgens, und den eines heliakischen Unter- und scheinbaren akronychischen Aufganges auf 6 Uhr abends (oder 18^h, den Tag von Mitternacht an gezählt) festsetzt. Zu den so ergänzten Daten D_a und D_u im Jahre J sucht man die entsprechenden Sonnenlängen λ_a und λ_u nach dem auf Seite 78 erläuterten Verfahren mit Hülfe von Schrams Zodiakaltafel. Für die weitere Rechnung kommen die Wislicenus'schen Tafeln in Anwendung. Mittelst dieser berechnet man zunächst die für das Jahr J (in astronomischer Schreibweise) geltende Schiefe der Ekliptik ε, indem man aus „Tafel II A" einen Wert von ε für das zu J nächst niedrigere Jahrhundert t entnimmt und $J-t$ unter strenger Berücksichtigung der Vorzeichen (vor Chr. Geb. beide negativ) bildet. Mit $J-t$ als Argument findet man aus „Tafel II B" einen Wert der „Änderung von ε" mit seinem Vorzeichen, welches dem von $J-t$ entgegengesetzt ist, und bringt diese Gröſse unter Beachtung des Vorzeichens an dem aus „Tafel II A“ entnommenen Werte an, wodurch man das für J geltende ε erlangt. Für Zeiten $\left\{\begin{matrix}\text{vor}\\ \text{nach}\end{matrix}\right\}$ Christi Geburt ist J, t und $J-t$ $\left\{\begin{matrix}\text{negativ}\\ \text{positiv}\end{matrix}\right\}$, folglich ist dann die „Änderung von ε“ aus „Tafel II B“ $\left\{\begin{matrix}\text{positiv}\\ \text{negativ}\end{matrix}\right\}$, d. h. die Werte aus „Tafel II A“ sind um die aus „II B“ zu $\left\{\begin{matrix}\text{vermehren}\\ \text{vermindern}\end{matrix}\right\}$. Man erhält ε wie auch alle anderen Werte aus den Wislicenus'schen Tafeln in Graden und deren Dezimalteilen ausgedrückt. Von nun an wird die Rechnung für λ_a und λ_u getrennt durchgeführt, ist aber in der Art der Ausführung für beide Gröſsen die gleiche. Mit ε als Horizontal- und λ_u als Vertikalargument geht man nun in die „Tafeln IV und V“ *) ein, wobei zu bemerken ist, daſs diese beiden Tafeln nur für Werte von λ_a, die im ersten Quadranten also zwischen 0^0 und 90^0 liegen, berechnet sind. Ist nun λ_a gröſser als 90^0, so braucht man den Winkel nicht selbst als Argument, sondern statt dessen, wenn er im

zweiten Quadranten, also zwischen 90^0 und 180^0 liegt, seine Ergänzung zu 180^0,

dritten Quadranten, also zwischen 180^0 und 270^0 liegt, seinen Überschuſs über 180^0,

vierten Quadranten, also zwischen 270^0 und 360^0 liegt, seine Ergänzung zu 360^0.

Mit λ_a und ε erhält man aus:

„Tafel IV“ die Sonnendeklination Δ_a, die immer kleiner als 24^0 ist und nur dann mit dem negativen Vorzeichen versehen werden muſs, wenn λ_a im dritten oder vierten Quadranten (also zwischen 180^0 und 360^0) liegt oder selbst negativ ist.

„Tafel V“ die Sonnenrektascension A_a, die stets im gleichen Quadranten wie λ_a liegt und auch mit diesem gleiches Vor-

*) In „Tafel V“ befindet sich folgender Druckfehler: Für $\varepsilon = 23^0.6$ und $\lambda = 86^0$ muſs der Tafelwert 85.636 statt 84.636 heiſsen.

zeichen hat; λ_a und A_a können höchstens um $2^0.5$ voneinander verschieden sein. Nun ergiebt sich Winkel A_a aus „Tafel V" direkt stets kleiner als 90^0; diesen direkt gefundenen Wert mufs man

von 180^0 subtrahieren, wenn A_a im zweiten Quadranten, also zwischen 90^0 und 180^0

zu 180^0 addieren, wenn A_a im dritten Quadranten, also zwischen 180^0 und 270^0

von 360^0 subtrahieren, wenn A_a im vierten Quadranten, also zwischen 270^0 und 360^0

liegen soll; nur wenn λ_a im ersten Quadranten, also zwischen 0^0 und 90^0 liegt, ist der aus „Tafel V" direkt gefundene Wert gleich dem in der ferneren Rechnung zu verwendenden Winkel A_a.

Auf Seite 43 des ersten Teiles findet sich in dem Kapitel „Die täglichen und jährlichen Auf- und Untergänge der Gestirne" eine „Tafel der Werte des Sehungsbogens (β)", aus welcher man mit der gegebenen Helligkeit H des Sternes als Vertikalargument aus der zweiten oder dritten Kolumne, jenachdem es sich um einen scheinbaren akronychischen oder einen heliakischen Aufgang handelt, einen Wert β_a für den Sehungsbogen entnimmt. Mit β_a geht man nun in „Tafel X" ein, welche in sieben einzelne ganz gleich gestaltete Tafeln „A, B, C, D, E, F, G" zerfällt, entsprechend den sieben möglichen Werten des Sehungsbogens. Man sucht nun diejenige der „Tafeln X" heraus, welche für den Wert β_a berechnet ist, und entnimmt aus dieser mit dem Horizontalargument φ und dem Vertikalargument Δ_a (unter strenger Berücksichtigung seines Vorzeichens) einen Wert des Winkels k_a, der immer kleiner als 90^0 und positiv ist. Mit β_a als Horizontalargument und k_a als Vertikalargument ermittelt man aus „Tafel XI" den stets positiven Winkel l_a, welchen man, solange k_a kleiner als 45^0 ist, direkt aus „Tafel XI" findet, während man, in dem Falle dafs k_a gröfser als 45^0 wird, dieses erst von 90^0 abziehen mufs, ehe man damit in „Tafel XI" eingeht, d. h. dann ist nicht k_a sondern $90^0 - k_a$ als Vertikalargument zu benutzen; dann ist auch der aus der Tafel direkt gefundene Wert erst von 180^0 abzuziehen, um den Winkel l_a zu erhalten. Aus „Tafel III" bestimmt man mit $l_a + \Delta_a$ (Vorzeichen von Δ_a zu beachten) als Horizontal- und φ als Vertikalargument den Winkel m_a, der immer spitz, d. h. kleiner als 90^0, ist und nur dann das negative Vorzeichen erhält, wenn $l_a + \varDelta_a$ und φ verschiedene Vorzeichen haben.

Die ganze bisherige Rechnung wird nun mit den Gröfsen λ_u, ε, H und φ wiederholt, wodurch man der Reihe nach die Werte $\varDelta_u$, A_u, β_u, k_u, l_u und m_u auf ganz gleiche Weise wie oben die entsprechenden mit dem Index $_a$ versehenen Winkel findet. Dann ist die gesuchte Rektascension des Sternes

$$\alpha = \frac{1}{2}(A_a + A_u - m_a + m_u),$$

wobei zu bemerken ist, dafs, wenn sich in der Klammer ein Wert ergiebt, der gröfser als 360^0 ist, man nur den Überschufs über 360^0 durch 2 dividiert, um α zu erhalten. Dann berechnet man

$$a = \alpha - A_a + m_a = A_u + m_u - \alpha,$$

wobei sich a stets kleiner als 90^0 ergeben mufs, aber sowohl positiv als negativ sein kann. Ergiebt sich aus einer dieser Formeln ein zwischen 270^0 und 360^0 liegender Wert, so hat man für a die negative Ergänzung desselben zu 360^0 zu nehmen. Mit φ als Vertikalargument und a (ohne Berücksichtigung seines Vorzeichens) als Tafelwert entnimmt man aus „Tafel III" den zugehörigen Wert des Horizontalarguments δ, welcher stets kleiner als 90^0 ist, aber sowohl positiv als negativ sein kann, jenachdem nämlich φ und a gleiches oder entgegengesetztes Vorzeichen haben. Das so bestimmte δ ist die gesuchte Deklination des Sternes.

Ist nun nicht ein jährlicher Auf- und ein solcher Untergang gegeben, sondern nur ein jährlicher Auf- oder Untergang, d. h. ist nur eine von den Gröfsen D_a oder D_u bekannt, so kann man auch nur mit dem daraus bestimmten λ eine einmalige Berechnung der Gröfsen $\varDelta$, A, β, k, l und m vornehmen. Dann mufs zur völligen Lösung der Aufgabe noch eine der Koordinaten des Sternes bekannt sein; ist:

α gegeben, so berechnet man a nach der obigen Formel, indem man dazu diejenige mit den Indices ($_a$) oder ($_u$) gebraucht, jenachdem ein Aufgang oder Untergang bekannt ist. Die Bestimmung von δ bleibt die gleiche wie vorhin.

δ gegeben, so entnimmt man mit dem Horizontalargument δ und dem Vertikalargument φ aus „Tafel III“ den Winkel a, der stets kleiner als 90^0 und nur dann negativ ist, wenn δ und φ verschiedenes Vorzeichen haben. Dann ergiebt sich die Rektascension α des Sternes aus der Formel

$\alpha = A - m + a$ beim heliakischen Aufgang
$\alpha = A + m - a$ „ „ Untergang
$\alpha = A + m + 180^0 + a$ „ scheinbaren akronychischen Aufgang
$\alpha = A - m + 180^0 - a$ „ „ kosmischen Unterg.

Liefert eine dieser Formeln für α einen Wert, der gröſser als 360^0 ist, so ist als wahre Gröſse von α nur der Überschuſs über 360^0 anzusehen, während ein sich ergebender negativer Wert andeutet, daſs man die gefundene Gröſse von 360^0 abziehen muſs, um das richtige α zu erhalten.

Ist jedoch weder α noch δ bekannt, so ist nicht nur eine, sondern eine unendlich groſse Anzahl von Lösungen der Aufgabe möglich, da ja niemals nur ein Stern im Horizont stehen wird, wenn die Sonne eine bestimmte Tiefe unter demselben hat, sondern deren eine ganze Menge. Als Deklinationen aller dieser Sterne hat man alle möglichen verschiedenen Winkelwerte anzusehen, die zwischen 0^0 und φ liegen, wenn sie das gleiche Vorzeichen wie φ, und die zwischen 0^0 und $90^0 - \varphi$ liegen, wenn sie das entgegengesetzte Vorzeichen wie φ haben. Für jede solche beliebig angenommene Sterndeklination δ läſst sich dann nach der eben besprochenen Methode die zugehörige Rektascension α berechnen. Um in diesem Falle den fraglichen Stern wirklich aufzufinden, muſs man sich auf ein rationelles Probieren verlegen, bis man Koordinaten ermittelt hat, die einem Stern angehören, der die gegebene Helligkeit H besitzt und eventuellen weiteren Angaben über Konstellation etc. entspricht.

Bezieht sich die ganze Untersuchung auf wahre Auf- und Untergänge, so ist also $\beta = 0$ und damit auch $l = 0$, folglich bedarf man auch des Winkels k gar nicht, d. h. die „Tafeln X und XI“ sind überflüssig. Man findet dann m_a (bez. m_u)

mit dem Horizontalargument Δ_a (bez. Δ_u) und dem Vertikalargument φ aus „Tafel III“. Alle übrigen Formeln und Vorschriften bleiben dieselben, indem nur die wahren Auf- und Untergänge für die betreffenden scheinbaren und an Stelle des heliakischen Auf- und Unterganges der wahre kosmische Auf- und wahre akronychische Untergang eintreten.

Für den besonderen Fall, dafs $\varphi = 0$ ist, bedarf man auch für die scheinbaren Auf- und Untergänge der „Tafeln X und XI“ nicht, sondern man bestimmt m_a (bez. m_u) direkt mit dem Horizontalargument β_a (bez. β_u) und dem Vertikalargument Δ_a (bez. Δ_u) aus „Tafel XII“; das übrige Verfahren bleibt das gleiche.

Alle diese Vorschriften gelten zunächst für nördliche geographische Breiten, d. h. also für positive Werte von φ. Man kann dieselben jedoch auch ohne weiteres für südliche Breiten anwenden, wenn man dabei dem Winkel φ statt des negativen Vorzeichens das positive beilegt und das Vorzeichen von Δ_a (bez. Δ_u), wie es sich bei der Entnahme aus „Tafel IV“ ergiebt, gerade umkehrt. Dann erhält man aber auch die Deklination des Sternes mit dem verkehrten Vorzeichen, d. h. das Vorzeichen von δ wie es sich aus der Rechnung ergiebt, mufs für die wirklichen Verhältnisse in das entgegengesetzte verwandelt werden. Liegt für eine südliche Breite der Spezialfall vor, dafs die Deklination des Sternes bekannt ist, so mufs zur Bestimmung von a das Vorzeichen derselben gerade so umgekehrt werden, wie es mit dem von φ schon geschehen ist.

Zu beachten: Die Tafeln von Wislicenus sind nur solange anwendbar, als die nördliche oder südliche geographische Breite φ des Beobachtungsortes nicht gröfser als 60^0 wird, ein Fall der bei chronologischen Aufgaben wohl niemals zu befürchten ist. Im übrigen sind bei Benutzung der Tafeln die oben auf Seite 52 ff. gegebenen Vorschriften über Interpolation genau zu beachten, sobald die gröfstmögliche Genauigkeit erstrebt wird; ist dies nicht der Fall, so braucht man einmal die Interpolation nicht mit aller Strenge durchzuführen, ferner aber auch die aus den Tafeln in Graden und deren Dezimalteilen sich ergebenden Winkel nicht mit voller Schärfe, d. h. auf drei Dezimalen, wie sie die Tafeln liefern, zu entnehmen, sondern man kann sich mit zwei Dezimalstellen, also mit Hundertstel-Graden begnügen. „Tafel II“ giebt die Schiefe der Ekliptik ε bis auf vier Dezimalstellen, doch ist selbst bei strenger Rechnung das daraus bestimmte ε auf drei Dezimalen abzurunden. Die in der obigen Anweisung gegebenen Vorschriften über die Gröſsen und Vorzeichen der aus den Tafeln zu entnehmenden Winkel stehen auch jedesmal unter den betreffenden Tafeln.

Die Argumente schreiten in den „Tafeln III und XII“ von Grad zu Grad, in den „Tafeln X“ von zwei zu zwei Grad fort, in „Tafel XI“ ändert sich k von 0.5 zu 0.5 Grad und endlich in den „Tafeln IV und V“ das Vertikalargument λ von Grad zu Grad, dagegen das Horizontalargument ε von 0.2 zu 0.2 Grad. — Es ist wohl selbstverständlich, daſs man die Rechnungen für λ_a und λ_u nicht nach-, sondern nebeneinander ausführen wird, d. h. daſs man erst Δ_a und Δ_u, dann A_a und A_u u. s. w. aus den betreffenden Tafeln entnehmen wird. Ebenso bedarf es wohl kaum der Erwähnung, daſs gelegentlich $\beta_a = \beta_u$ sein kann.

Beispiel.

Nach dem sogenannten „Kalender des Ptolemäus“ erfolgte für einen sonst unbekannten Stern erster Gröſse, der als ὁ ἔσχατος τοῦ ποταμοῦ bezeichnet wird, im Jahre 885 der Ära des Nabonassar der heliakische Aufgang am 29. Epiphi und der heliakische Untergang am 26. Parmuthi für $23^0\ 51'$ nördlicher Breite. Welches ist danach der Ort des Sternes?

D_a = 885 der Ära des Nabonassar den
29. Epiphi 6 Uhr = 1771625.25

D_u = 885 der Ära des Nabonassar den
26. Parmuthi 18 Uhr = 1771532.75

in Tagen der julianischen Periode. Dazu erhält man aus Schrams Zodiakaltafel: $\lambda_a = 79^0.180$ und $\lambda_u = 350^0.197$. Nach der Tafel auf Seite 43 ist der Sehungsbogen für den heliakischen Auf- und Untergang eines Sternes erster Gröſse derselbe und zwar $\beta_a = \beta_u = 11^0.0$. Das Jahr 885 der Ära des Nabonassar entspricht dem Jahre 138 nach Chr. Geb.; dazu erhält man nach den Wislicenus'schen Tafeln aus

Tafel II A: Für $t = +100$: $\varepsilon = 23^0.685$

„ II B: „ $J - t = +138 - 100 = +38$: Änderung von $\varepsilon = -0^0.005$

Für $J = +138$ ist die Schiefe der Ekliptik $\varepsilon = 23^0.680$

Heliakischer Aufgang				Heliakischer Untergang			
Tafel	Horizontalarg.	Vertikalarg.	Tafelwert	Tafel	Horizontalarg.	Vertikalarg.	Tafelwert
IV	$\varepsilon = 23^0.680$	$\lambda_a = 79^0.180$	$\Delta_a = +23^0.233$	IV	$\varepsilon = 23^0.680$	$\lambda_u = 360^0 - 350^0.197$	$\Delta_u = -3^0.920$
V	$\varepsilon = 23.680$	$\lambda_a = 79.180$	$A_a = 78.212$	V	$\varepsilon = 23.680$	$\lambda_u = 360 - 350.197$	$A_u = 351.008$
XD	$\varphi = 23.85$	$\Delta_a = +23.233$	$k_a = 28.936$	XD	$\varphi = 23.85$	$\Delta_u = -3^0.920$	$k_u = 33.224$
XI	$\beta_a = 11.0$	$k_a = 28.936$	$l_a = 20.079$	XI	$\beta_u = 11.0$	$k_u = 33.224$	$l_u = 25.949$
III	$l_a + \Delta_a = 43.312$	$\varphi = 23.85$	$m_a = 24.638$	III	$l_u + \Delta_u = 22.029$	$\varphi = 23.85$	$m_u = 10.305$

$$\alpha = \frac{1}{2}(78^0.212 + 351^0.008 - 24^0.638 + 10^0.305) = \frac{1}{2}(414^0.887) = \frac{54^0.887}{2} = 27^0.444$$

$$a = 27^0.444 - 78^0.212 + 24^0.638 = 351^0.008 + 10^0.305 - 27^0.444 = -26^0.131.$$

Aus Tafel III findet man für $\delta = 44^0$ 45^0

und für $\varphi = 23^0.85$: $a = 25^0.274$ $26^0.240$.

Interpoliert man zwischen diese beiden Werte von a den oben ermittelten $26^0.131$, so entspricht derselbe einem Werte von $\delta = 44^0.887$. Da nun a sich negativ ergiebt und φ positiv ist, so muſs δ negativ sein. Nun ist nach Tafel I:

$27^0.44 = 27^0\,26'\,24''$	$44^0.88 = 44^0\,52'\,48''$	also ist die gesuchte Sternposition für das
$0^0.004 = 14.4$	$0^0.007 = 25.2$	Jahr 138 nach Chr. Geb.:
$27^0.444 = 27^0\,26'\,38''$	$44^0.887 = 44^0\,53'\,13''$	$\alpha = 27^0\,26'\,38''$, $\delta = -44^0\,53'\,13''$.

Berechnung der Zeit aus der bekannten Länge der Sonne, welche dieselbe bei einem der jährlichen Auf- oder Untergänge eines Sternes von gegebener Helligkeit für einen bestimmten Erdort einnahm.

(Siehe: Erster Teil, Seite 38 ff.)

Berechnung mit Hülfe von Wislicenus' Tafeln.

Gegeben: Die Länge der Sonne λ, welche dieselbe bei einem der jährlichen Auf- und Untergänge eines Sternes von der Helligkeit H für einen Ort von der geographischen Breite φ (nördlich: positiv, südlich: negativ) einnahm.

Gesucht: Das Jahr J, in welchem der betreffende Auf- oder Untergang stattfand.

Es wird wohl selten die Länge λ in Graden und deren Bruchteilen gegeben sein, das ist aber auch nicht nötig, wenn nur die Angabe über den Standort der Sonne eine derartige ist, dafs man daraus λ ohne Zuhülfenahme der Zeit bestimmen kann. Desgleichen wird meistens H nicht direkt gegeben sein, sondern die Bezeichnung für den Stern, dann entnimmt man mit dieser aus der Tafel auf Seite 64 und 65 die Helligkeit H. Nun wird man wohl stets eine auf 200—300 Jahre angenäherte Kenntnis der Zeit besitzen, in welche das gesuchte Jahr J fällt. Man rechnet für zwei volle Jahrhunderte t_1 und t_2, von denen man annimmt, dafs J zwischen ihnen liegt, und die man mit dem positiven oder negativen Vorzeichen versieht, jenachdem sie nach oder vor Chr. Geb. liegen, wobei man mit t_1 immer die numerisch kleinere Zahl bezeichnet, genau nach dem auf Seite 132 ff. erläuterten Verfahren die zu dem in Rede stehenden Phänomen gehörenden Sonnenlängen λ_1 und λ_2 aus. Diese müssen das gegebene λ einschliefsen, wenn wirklich J zwischen t_1 und t_2 liegt. Fällt λ nicht zwischen λ_1 und λ_2, so ist das ein Zeichen, dafs die Grenzen t_1 und t_2 nicht richtig oder zu eng angenommen sind. Durch geeignete Änderung einer dieser beiden Zeiten und wiederholte Rechnung wird man dann das gewünschte Resultat erhalten. Dann ist

$$J = t_1 + (t_2 - t_1) \cdot \frac{(\lambda - \lambda_1)}{(\lambda_2 - \lambda_1)},$$

wobei die Vorzeichen von t_1 und t_2 genau zu beachten sind.

Zu beachten: Die Berechnung des Jahres J wird niemals eine ganz strenge sein, da die der Formel für J zu Grunde liegende Annahme, dafs sich die Sonnenlänge proportional der Zeit ändere, nicht vollkommen zutreffend ist. Viel unsicherer wird aber die Bestimmung von J dadurch, dafs sich die Zeiten der jährlichen Auf- und Untergänge eines Sternes in benachbarten Jahren fast gar nicht ändern, sondern dafs Verschiebungen derselben erst nach längeren Zeiträumen merkbar werden. Nimmt man noch hinzu, mit welcher Unsicherheit die Beobachtungen von jährlichen Auf- und Untergängen stets behaftet sind, so ist klar, dafs die Angaben von solchen nicht zur Erlangung einer genauen Zeitbestimmung dienen können, sondern dafs die daraus berechnete Jahreszahl bis zu zehn Jahren nach der einen oder anderen Richtung hin falsch sein kann. — Bei der Berechnung des zweiten Gliedes in der Formel für J braucht man sich um einen etwaigen Rest bei der Division nicht zu kümmern; will man Logarithmen zur Berechnung anwenden, so genügen vierstellige. —

Beispiel.

In der von Geminus verfafsten Einleitung zum Gedicht des Aratus wird im 14. Kapitel gesagt, dafs für Rhodos der Sirius 30 Tage nach der Sommersonnenwende heliakisch aufgehe; auf welche Zeit bezieht sich diese Angabe?

Da Aratus circa 270 vor Chr. Geb. und Geminus etwa 70 vor Chr. Geb. schrieb, und sich die fragliche Angabe auf die Zeit des einen oder des andern der beiden Autoren beziehen wird, so stellt man die Rechnung am besten für die Zeiten $t_1 = 0$ und $t_2 = -300$ an. Nach Schrams Zodiakaltafel hat innerhalb dieser Zeit die Sonne 30 Tage nach der Sommersonnenwende die Länge $\lambda = 118^0.7$. Rhodos hat eine nördliche Breite von $36^0\,6'$, also $\varphi = +36^0.1$, und da es sich um den heliakischen Aufgang eines Sternes erster Gröfse handelt, so ist nach der Tafel auf Seite 43 der Sehungsbogen $\beta = 11^0.0$.

(Fortsetzung siehe folgende Seite.)

$t_1 = 0$

Nach Danckwortts Tafeln ist der Ort des Sirius für $t_1 = 0$: $\alpha_1 = 79^0.244$, $\delta_1 = -15.989$

Aus Wislicenus' Tafeln: Tafel II A: $t_1 = 0$: $\varepsilon_1 = 23.698$

Taf.	Horizontalarg.	Vertikalarg.	Tafelwert
III	$\delta_1 = -15^0.989$	$\varphi = +36^0.1$	$a_1 = -12^0.061$
			$\alpha_1 = 79.244$
			$b_1 = 91^0.305 = \alpha_1 - a_1$
IV	$\varepsilon_1 = 23^0.698$	$b_1 = 180^0 - 91^0.305$	$c_1 = 23^0.691$
V	$\varepsilon_1 = 23.698$	$b_1 = 180 - 91.305$	$d_1 = 91^0.425$
VI	$\varepsilon_1 = 23.698$	$b_1 = 180 - 91.305$	$e_1 = 90.573$
			$\varphi = 36.100$
			$90^0 = 90.000$
			$f_1 = 35^0.527$
VII	$f_1 = 35^0.527$	$c_1 = 23^0.691$	$g_1 = 16.008$
VIII	$f_1 = 35.527$	$c_1 = 23.691$	$h_1 = 57.853$
IX	$\beta = 11.0$	$h_1 = 57.853$	$i_1 = 13.025$
			$\lambda_1 = 120^0.458$

$t_2 = -300$

Nach Danckwortts Tafeln ist der Ort des Sirius für $t_2 = -300$: $\alpha_2 = 75^0.949$, $\delta_2 = -16.252$

Aus Wislicenus' Tafeln: Tafel II A: $t_2 = -300$: $\varepsilon_2 = 23.736$

Taf.	Horizontalarg.	Vertikalarg.	Tafelwert
III	$\delta_2 = -16^0.252$	$\varphi = +36^0.1$	$a_2 = -12^0.273$
			$\alpha_2 = 75.949$
			$b_2 = 88^0.222 = \alpha_2 - a_2$
IV	$\varepsilon_2 = 23^0.736$	$b_2 = 88^0.222$	$c_2 = 23^0.723$
V	$\varepsilon_2 = 23.736$	$b_2 = 88.222$	$d_2 = 88^0.058$
VI	$\varepsilon_2 = 23.736$	$b_2 = 88.222$	$e_2 = 89.218$
			$\varphi = 36.100$
			$90^0 = 90.000$
			$f_2 = 36^0.882$
VII	$f_2 = 36^0.882$	$c_2 = 23^0.723$	$g_2 = 16.797$
VIII	$f_2 = 36.882$	$c_2 = 23.723$	$h_2 = 56.671$
IX	$\beta = 11.0$	$h_2 = 56.671$	$i_2 = 13.202$
			$\lambda_2 = 118^0.057$

Nun ist $t_2 - t_1 = -300$, $\lambda - \lambda_1 = -1^0.758$, $\lambda_2 - \lambda_1 = -2^0.401$, folglich $J = 0 + (-300) \cdot \frac{-1.758}{-2.401} = 0 - 220 = -220$

$\log(-300) = 2.4771\,n$
$\log(-1.758) = 0.2455\,n$
$\log(-2.401) = 0.3802\,n$
$\log \text{Quotient} = 2.3424\,n$
$\text{num. Quotient} = -220$

Die in der Aufgabe gemachte Angabe über den heliakischen Aufgang des Sirius bezieht sich also ungefähr auf das Jahr 221 vor Chr. Geb., also mehr auf die Zeit des Aratus als die des Geminus.

Berechnung des Ortes auf der Erde, auf welchen sich die Angabe eines jährlichen Auf- oder Unterganges eines bekannten Sternes in einem bestimmten Jahre bezieht.

(Siehe: Erster Teil, Seite 38 ff.)

Berechnung mit Hülfe von Schrams Zodiakaltafel und Wislicenus' Tafeln.

Gegeben: Das Datum D (Monat und Tag) im Jahre J, an welchem einer der jährlichen Auf- oder Untergänge des Sternes von der Helligkeit H, der Rektascension α und Deklination δ stattfand.

Gesucht: Die Breite φ (nördlich: positiv, südlich: negativ) desjenigen Erdortes, auf welchen sich diese Angaben beziehen.

Man fügt dem Datum D die ungefähre Stunde des Auf- oder Unterganges zu, indem man den Eintritt eines heliakischen Auf- und eines scheinbaren kosmischen Unterganges rund auf 6 Uhr morgens, und den eines heliakischen Unter- und scheinbaren akronychischen Aufganges auf 6 Uhr abends (oder vielmehr 18^h, den Tag von Mitternacht an gezählt) festsetzt. Zu dem so ergänzten Datum D im Jahre J sucht man mit Hülfe von Schrams Zodiakaltafel die entsprechende Sonnenlänge λ nach dem auf Seite 78 ff. erläuterten Verfahren. Für die weitere Rechnung kommen die Wislicenus'schen Tafeln in Anwendung. Man wird wohl immer eine ungefähre Kenntnis des Landes haben, auf welches sich die vorliegende Angabe über den jährlichen Auf- oder Untergang bezieht, und man rechnet nun für zwei volle Breitengrade φ_1 und φ_2, welche das Land im Norden und Süden etwa begrenzen, mit Hülfe von J, α, δ und H nach dem auf Seite 132 ff. dargelegten Verfahren die entsprechenden Sonnenlängen λ_1 und λ_2 aus. Dabei erhalten φ_1 und φ_2 das negative Vorzeichen, wenn es sich um Breitengrade der südlichen Halbkugel handelt, und aufserdem lege man die Bezeichnung φ_1 immer dem numerisch kleineren Breitengrade bei. Schliefsen die berechneten Gröfsen λ_1 und λ_2 die gegebene Sonnenlänge λ ein, so ist das ein Zeichen, dafs das gesuchte φ zwischen φ_1 und φ_2 liegt. Fällt λ nicht zwischen λ_1 und λ_2, so ist das ein Zeichen, dafs die Grenzen φ_1 und φ_2 nicht richtig oder zu eng genommen sind. Durch geeignete Änderung einer dieser beiden Werte und wiederholte Rechnung wird man dann das gewünschte Resultat erhalten. Dann ist

$$\varphi = \varphi_1 + (\varphi_2 - \varphi_1) \cdot \frac{(\lambda - \lambda_1)}{(\lambda_2 - \lambda_1)},$$

wobei die Vorzeichen von φ_1 und φ_2 wohl zu berücksichtigen sind.

Zu beachten: Der auf diese Weise gefundene Wert von φ wird nicht streng richtig, sondern kann mit einem Fehler von $\frac{1}{3}$ Grad oder 20 Bogenminuten behaftet sein, weil die der Formel für φ zu Grunde liegende Annahme, dafs sich die Sonnenlängen proportional der Breite ändern, nicht völlig zutreffend ist. Kommt es auf einen möglichst genauen Wert von φ an, so mufs man sich einer direkten logarithmisch-trigonometrischen Rechnung unterziehen, zu der man die Anweisung in der Einleitung zu Wislicenus' Tafeln auf Seite 26 findet, doch wird für chronologische Zwecke die obige Näherungsmethode wohl immer genügende Resultate geben. Diese letzteren sind um so genauer, je enger die Grenzen φ_1 und φ_2 genommen sind. Hat man keinen Anhaltspunkt für die ungefähre Gröfse von φ, sondern weifs nur, ob es auf der nördlichen oder südlichen Halbkugel liegt, so bleibt nichts übrig als $\varphi_1 = 0^0$ und $\varphi_2 = + 60^0$ (bez. $- 60^0$) zu setzen, da dies der äufserste Wert ist, für welchen die Wislicenus'schen Tafeln die Rechnung zulassen. — Man stellt natürlich die Rechnungen für φ_1 und φ_2 nicht nach einander sondern neben einander herlaufend an. — Will man zur Berechnung des zweiten Gliedes der Formel für φ Logarithmen anwenden, so genügen fünfstellige. —

Beispiel.

In dem sogenannten „Kalender des Ptolemäus“ ist der heliakische Untergang des Sirius für das Jahr 885 der Ära des Nabonassar auf den 13. Payni angesetzt; für welche Breite gilt die Datierung?

In der gedachten Schrift sind die jährlichen Auf- und Untergänge im allgemeinen für fünf verschiedene Breiten angesetzt, die zwischen $+ 23^0.0$ und $+ 46^0.0$ liegen, also wird auch die fragliche Breite innerhalb dieser Grenzen zu suchen sein. Am 13. Payni des Jahres 885 der Ära des Nabonassar hatte abends die Sonne die Länge $\lambda = 35^0.759$. Andererseits entspricht das Jahr 885 der Ära des Nabonassar dem Jahre 138 nach Chr. Geb. und in diesem betrug für den Sirius die Rektascension $\alpha = 80^0.765$ und Deklination $\delta = -15^0.901$. Da es sich um den heliakischen Untergang eines Sternes erster Gröfse handelt, so folgt der Sehungsbogen aus der Tafel auf Seite 43 $\beta = 11^0.0$. Nach den Tafeln von Wislicenus hat man

(Fortsetzung siehe folgende Seite.)

Tafel II A: Für $t = +100$: $\varepsilon = 23^0.685$
„ II B: „ $J - t = +138 - 100 = +38$: Änderung von $\varepsilon = -0.005$

Für $J = +138$ ist die Schiefe der Ekliptik $\varepsilon = 23^0.680$

$\varphi_1 = +23^0.0$

Taf.	Horizontalarg.	Vertikalarg.	Tafelwert	
III	$\delta = -15^0.901$	$\varphi_1 = +23^0.0$	$a_1 = -6^0.945$	
			$\alpha = 80.765$	
			$b_1 = 73^0.820 = \alpha + a_1$	
IV	$\varepsilon = 23^0.680$	$b_1 = 73^0.820$	$c_1 = 22^0.688$	
V	$\varepsilon = 23.680$	$b_1 = 73.820$		$d_1 = 72^0.421$
VI	$\varepsilon = 23.680$	$b_1 = 73.820$	$e_1 = 83.033$	
			$\varphi_1 = 23.000$	
			$90^0 = 90.000$	
			$f_1 = 16^0.033$	
VII	$f_1 = 16^0.033$	$c_1 = 22^0.688$		$g_1 = 6.325$
VIII	$f_1 = 16.033$	$c_1 = 22.688$	$h_1 = 75.238$	
IX	$\beta = 11.0$	$h_1 = 75.238$		$i_1 = 11.381$
				$\lambda_1 = 54^0.715$

$\varphi_2 = +46^0.0$

Taf.	Horizontalarg.	Vertikalarg.	Tafelwert	
III	$\delta = -15^0.901$	$\varphi_2 = +46^0.0$	$a_2 = -17^0.159$	
			$\alpha = 80.765$	
			$b_2 = 63^0.606 = \alpha + a_2$	
IV	$\varepsilon = 23^0.680$	$b_2 = 63^0.606$	$c_2 = 21^0.084$	
V	$\varepsilon = 23.680$	$b_2 = 63.606$		$d_2 = 61^0.547$
VI	$\varepsilon = 23.680$	$b_2 = 63.606$	$e_2 = 78.968$	
			$\varphi_2 = 46.000$	
			$90^0 = 90.000$	
			$f_2 = 34^0.968$	
VII	$f_2 = 34^0.968$	$c_2 = 21^0.084$		$g_2 = 14.122$
VIII	$f_2 = 34.968$	$c_2 = 21.084$	$h_2 = 57.674$	
IX	$\beta = 11.0$	$h_2 = 57.674$		$i_2 = 13.051$
				$\lambda_2 = 34^0.374$

Nun ist $\varphi_2 - \varphi_1 = +23^0.0$, $\lambda - \lambda_1 = -18^0.956$, $\lambda_2 - \lambda_1 = -20^0.341$, folglich

$$\varphi = +23^0.0 + (+23^0.0) \cdot \frac{-18^0.956}{-20^0.341} = +23^0.0 + 21^0.435 = +44^0.435.$$

$\log(+23.0) = 1.36173$
$\log(-18.956) = 1.27775\,n$
$\log(-20.341) = 1.30837\,n$

log Quotient $= 1.33111$
num Quotient $= +21.435$

Tafel I giebt: $44^0.43 = 44^0\,25'\,48''$
$0.005 = 18$
$44.435 = 44^0\,26'\,6''$

Also bezieht sich die fragliche Angabe im Kalender des Ptolemäus auf einen Erdort, dessen nördliche Breite $44^0\,26'.1$ beträgt. Die strenge logarithmisch-trigonometrische Rechnung würde ergeben $\varphi = +44^0\,41'.3$.

Über die Behandlung von chronologischen Planeten- oder Kometenangaben.

Es wird verhältnismäfsig selten vorkommen, dafs eine Planetenangabe zu einer Datierung verwendet ist, und wenn es der Fall ist, so wird sich nur unter besonders günstigen Umständen eine genauere Zeitangabe auf eine Planetenkonstellation basieren lassen. Die dazu nötige Untersuchung wird aber immer viel kompliziertere Rechnungen veranlassen, als man sie einem Nichtastronomen zumuten kann, und zwar um so weniger, als sich dieselben keinem festen für alle Fälle stichhaltigen Schema einfügen lassen. Für die Bestimmung der Planetenörter existieren nun zuverlässige Tafeln von Leverrier, die derselbe in den „Mémoires“ der „Annales de l'Observatoire de Paris“ veröffentlicht hat und zwar die Tabellen für Merkur in tome V, für Venus und Mars in tome VI, für Jupiter und Saturn in tome XII und für Uranus und Neptun in tome XIV, aber die Rechnungen nach diesen Tafeln sind bei aller Bequemlichkeit doch komplizierter, als sie die in den früheren Artikeln besprochenen Hülfstafeln erfordern, sodafs sie ungeübten Rechnern mancherlei Schwierigkeiten bieten. Trotzdem würden dieselben hier ausführlich besprochen sein, wenn es bei den fraglichen chronologischen Problemen mit einer einfachen Berechnung von Planetenörtern gethan wäre, aber eben weil das nicht der Fall, sondern eine weitere rechnerische Behandlung nötig sein wird, so bleibt das Lösen derartiger Aufgaben doch immer den Astronomen vorbehalten, für diese ist aber eine Besprechung der Leverrierschen Tafeln überflüssig.

Weit schwieriger für chronologische Zwecke als die Bestimmung von Planetenkonstellationen ist die Behandlung der Kometenerscheinungen, denn wenn für die Planeten noch die Aufstellung bequemer Tafeln möglich war, so ist das bei den Kometen nicht mehr der Fall. Die rechnerische Behandlung einer alten Kometenangabe ist — wenn überhaupt — nur auf weitläufigen und komplizierten Wegen möglich, die den Astronomen vorbehalten bleiben müssen. Eine einigermafsen sichere Datierung ist übrigens an der Hand einer einzelnen Kometenbeobachtung nur dann zu erreichen, wenn der Komet, auf welchen sie sich bezieht, aus anderweitigen Quellen so genau bekannt ist, dafs man danach seine Bahn berechnen kann. Ob dies bei alten Kometen der Fall ist, darüber kann man sich einigermafsen Aufschlufs verschaffen an der Hand des Werkes von M. Pingré: „Cométographie ou traité historique et théorique des comètes“, 2 Bände, Paris 1783 und 1784. Dasselbe enthält im ersten Bande von Seite 244 bis zum Schlufs eine Aufzählung aller von den ältesten Zeiten bis zum Schlufs des 16. Jahrhunderts nach Christus gesehenen Kometen. Im zweiten Bande wird diese Liste von Seite 1 bis 98 bis zum Jahre 1781 fortgesetzt. In derselben sind für jeden Kometen, der durch das mehr oder weniger genau bekannte Jahr seines Erscheinens charakterisiert ist, alle Nachrichten, die man über denselben besitzt, in Bezug auf die Quellen, wo dieselben herstammen, zusammengetragen und ein kurzes Bild der Gesamtkenntnis über den Himmelskörper gegeben. Die bei dem Citieren der zahlreichen Litteratur gebrauchten Abkürzungen sind im ersten Bande auf Seite 201 ff. alphabetisch zusammengestellt und erklärt. Die Aufzählung der Kometen geschieht in streng chronologischer Reihenfolge, wodurch das Aufsuchen sehr erleichtert ist. Der Wert des Pingréschen Werkes ist also darin zu suchen, dafs man, wenn man eine Angabe über einen Kometen findet, dessen ungefähres Erscheinungsjahr man kennt, in der genannten Liste nicht nur die wahrscheinlichste Angabe über das Sichtbarwerden des Kometen, sondern auch alle diejenigen Stellen aufgeführt findet, wo der Komet sonst noch erwähnt wird, woraus man sich wiederum ein Urteil darüber bilden kann, ob die gerade vorliegende Angabe für eine weitere Datierung verwendbar ist oder nicht. Die übrigen Mitteilungen theoretischer Natur in dem Pingréschen Werke sind veraltet, besonders gilt dies von der im zweiten Bande auf Seite 99 ff. aufgeführten Übersicht der berechneten Kometenbahnen, welche durch viel vollständigere und genauere Listen in der Neuzeit weit überholt ist. Von diesen modernen Kometenverzeichnissen hier das eine oder andere aufzuführen und zu besprechen, hat deshalb keinen Zweck, weil die darin enthaltenen Bahnelemente die Grundlage für Rechnungen bilden, die für einen Chronologen zu kompliziert sind und deshalb durchaus nicht in den Rahmen der vorliegenden Betrachtungen gehören.

Register.

Ein (B.) vor einer Seitenzahl bedeutet, dass sich auf der betreffenden Seite die Berechnung zu dem Stichwort findet.

A.

I.

J.

K.

L.

P.

Q.

R.

S.

T.

U.

V.

W.

Z.

Druckfehlerverzeichnis.

Seite	23	Zeile	12	von	oben	lies:	Präcessionsverschiebung, statt: Präzessionsverschiebung.
„	23	„	5	„	unten	„ :	Rektascension, statt: Rektaszension.
„	24	„	12	„	oben	„ :	ascension, statt: aszension.
„	24	„	18	„	„	„ :	„ „ „
„	24	„	21	„	„	„ :	„ „ „
„	27	„	19	„	unten	„ :	Präcession, statt: Präzession.
„	53	„	3	„	oben	„ :	0̣.896, statt: 0°.896.
„	55	„	12	„	unten	„ :	Ära, statt: Äera.
„	69	„	3	„	„	„ :	Équinoxe, statt: Equinoxe.
„	72	„	17	„	oben	„ :	„ „ „
„	119	„	14	„	„	„ :	$\Delta\, lg\, p = 6\cdot$, statt: $\Delta\, lg\, p = 6$.

GPSR Compliance

The European Union's (EU) General Product Safety Regulation (GPSR) is a set of rules that requires consumer products to be safe and our obligations to ensure this.

If you have any concerns about our products, you can contact us on ProductSafety@springernature.com

In case Publisher is established outside the EU, the EU authorized representative is:

Springer Nature Customer Service Center GmbH
Europaplatz 3
69115 Heidelberg, Germany

Batch number: 10577917

Printed by Printforce, the Netherlands